55 핵심개념으로 꽉 잡는 중학지학

손영운

서울대학교를 졸업하고 중·고등학교에서 과학을 가르치며 중학교 과학 교과서와 교사용 지도서를 집필했다. 현재 과학 전문 작가로 활발한 활동을 하고 있으며 『청소년을 위한 서양과학사』, 『엉뚱한 생각 속에 과학이 쏙쏙』, 『교과서를 만든 과학자들』, 『손영운의 우리 땅 과학답사기』 등을 썼다. 과학창의재단 우수과학도서에 13차례나 선정되었다.

박정제

대학에서 일러스트를 공부했다. 『저학년 속담』, 『우리 아이 첫 수수께끼』, 『초등 필수 영어단어』 등 주로 교육적인 정보와 함께 재미를 줄 수 있는 그림 작업을 하고 있다. 딱딱하고 어려운 책도 만화책을 보듯 키득거리며 볼 수 있는 책을 만들고자 노력 중이다.

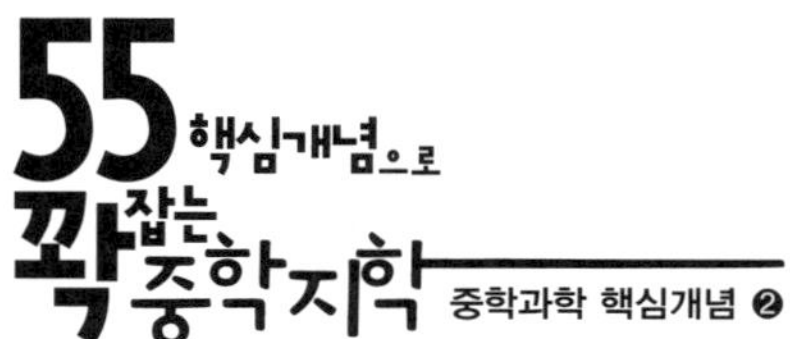

초판 1쇄 인쇄 2011년 11월 28일
초판 2쇄 발행 2014년 2월 25일
지은이 손영운   그린이 박정제   펴낸이 김종길   책임편집 이경숙
편집부 임현주 · 이은지 · 이경숙 · 홍다휘   디자인부 정현주 · 박경은
마케팅부 김재룡 · 박용철   관리부 이현아   홍보부 윤수연
펴낸곳 글담출판사   출판등록 제2009-27호
주소 (121-840)서울시 마포구 양화로 12길 8-6(서교동) 대륭빌딩 4층
전화 (02)998-7030 l 팩스 (02)998-7924
이메일 bookmaster@geuldam.com   페이스북 www.facebook.com/geuldam4u
블로그 http://blog.naver.com/geuldam4u

ISBN 978-89-92814-47-8 14450
책값은 표지에 있습니다.

이 도서의 국립중앙도서관 출판시도서목록(CIP)은 e-CIP 홈페이지(http://www.nl.go.kr/ecip)에서 이용하실 수 있습니다.
(CIP제어번호: CIP2011004854)

55 핵심개념으로 꽉 잡는 중학지학

손영운 지음 | 박정제 그림

글담출판사

입학 전 꼭 알아야 할 핵심 개념만 모아 놓은 책!
시간과 노력을 모두 아낄 수 있는 대안 교과서!

많은 부모들이 과학은 따로 공부하지 않아도 중학교에 가서 충분히 할 수 있다고 생각한다. 하지만 대부분의 아이들이 처음 접한 중학 과학을 어려워하고 졸업할 때까지 헤맨다. 그렇다고 모든 내용을 익히고 입학하기란 시간적으로도 불가능하며 불필요하다. 입학 전, 과학 교과서에 나오는 핵심 개념만이라도 이해하고 온다면, 중학 과학을 쉽게 이해하고 응용하여 특별한 노력 없이도 우수한 성적을 받을 수 있다. 그런 의미에서 이 책은 **중학 과학에서 가장 중요한 개념들만 엄선하여 쉽게 알려 주고 있어 최적의 대안 교과서**라 할 수 있다.

남경운(한울중학교 과학 교사)

'의심하고 묻고 생각하고 확인하는' 구성!
개념 원리를 이해할 수 있도록 돕고 있다.

요즘 아이들은 어려서부터 암기 학습에 익숙하다. 그래서인지 아이들을 가르치다 보면 낯설고 어려운 중학 과학을 이해하기보다 무조건 암기하려는 경향을 보인다. 이 경우 초반에는 어느 정도 좋은 성적을 받지만 학년이 올라갈수록 성적이 떨어지게 된다. 그런 학습법을 취한 아이들은 문제를 조금만 비틀거나 응용하여 내어도 풀지 못하기 때문이다. 이 책은 '의심하고 묻고 생각하고 확인하는' 학습 단계로 구성되어 있다. 그리하여 주먹구구식의 암기 학습이 아닌 **과학에 필요한 사고력과 이해력을 바탕으로 한 학습이 가능하게 한다.** 또한 중학 과학에서 엄선한 핵심 개념으로 기본을 제대로 잡아 준다.

이현주(한양사대부속중학교 과학 교사)

'중학 과학 선행 학습'을 위한 최고의 책!
자연스럽고 재미있게 중학 과학을 만난다!

초등학생을 위해 판매되고 있는 중학 과학 학습서들은 중학생에게 읽혀도 대단히 어렵다. 부모의 입장에서는 주요 과목 중 하나인 과학을 선행 학습 시키고 싶지만 어려운 내용에 지레 질릴까 봐 겁이 난다. 이 책은 이런 부모의 고민을 한방에 해결해 주기 위해 **쉬운 말로 중학 과학을 새롭게 풀어 재구성**하였다. 특히 '땅아~ 솟아라! 조산 운동', '일기 예보관 구름' 등 어려운 **중학 과학을 재미있는 용어로 소개하여 개념의 의미를 저절로 이해할 수 있도록 배려**하였고, 풍부한 그림과 사진 자료들로 아이들의 흥미를 계속 붙잡을 수 있도록 구성하였다. 아이가 자연스럽고 재미있게 중학 과학을 접하기를 원한다면 이 책을 꼭 권하고 싶다.

송재환(동산초등학교 교사)

머 리 말

"짧은 시간 공부해도 높은 성적을 받는 비결은?"

중학생들이 가장 어려워하는 과목은 무엇일까? 그것은 바로 과학이란다. 영어, 수학 과목은 어릴 때부터 철저하게 공부해 오기 때문에 중학생이 되어도 전혀 낯설지가 않아. 오히려 학원에서 미리 다 공부하고 온 탓에 학교 수업이 지루하다는 친구들도 있을 정도지. 그런데 과학은 그렇지 않아. 미리 공부하는 과목이 아니기 때문에 많이 낯설어하고 어려워해.

더욱이 초등 과학과 중학 과학은 접근 방식부터 확연하게 달라. 초등 과학은 흥미를 불러일으키는 활동 중심의 수업이야. 실생활에서 볼 수 있는 현상들을 실험과 관찰을 통해 직접 보고 느끼는 공부지. 하지만 중학 과학은 눈이 뱅글뱅글 돌아갈 정도로 어려운 과학 이론과 복잡한 실험들로 가득해. 물론 교과서가 개정되면서, 실생활 속 과학이나 실험 부분에 대한 내용이 강화되긴 하였지만, 여전히 상당한 수준의 추상적 사고 능력이 요구돼.

그래서 많은 친구들이 과학 과목을 부담스럽게 느끼는 거란다.

그러면 어떻게 해야 할까? 과학 과목을 처음부터 포기해야 할까? 절대 그럴 수는 없어. 중학교 내신 성적은 고등학교 진학에서 매우 중요한 역할을 하거든. 절대 포기할 수 없고, 포기해서도 안 되는 과목이야.

사실 과학은 어려운 과목이 아니란다. 우리의 실생활과 밀접한 관련이 있거든. 게다가 개념만 확실히 잡아도 높아 보이는 과학의 문턱을 쉽게 넘을 수 있어. 선생님은 지금까지 10년 넘게 서울대학교 교수들과 중학 과학 교과서를 개발해 왔는데, 다음과 같은 말을 항상 들어 왔어.

"중학 과학은 핵심이 되는 몇 가지 개념들만 정확하게 이해해도 결코 어려운 과목이 아닌데, 학생들이 그것을 잘 모르는 것 같아."

그만큼 과학 공부에서 가장 중요한 것은 개념이라는 뜻이야. 그래서 이 책에는 과학 선생님으로서 학생들을 가르치고 교과서를 집필한 경험을 바탕으로 55가지 핵심 개념만을 모아 놓았어. '출제 가능성, 성적 기여도, 교사 선호도, 학습 난이도' 등을 기준으로 엄선한 만큼, 55가지 핵심 개념만 공부해도 중학 지구과학을 확실하게 끝낼 수 있단다. 그리고 개념마다 선정 항목에 해당하는 정도를 별표로 나타내어 목적에 따라 선별 공부할 수 있도록 했어.

그리고 개념에 대한 정의, 개념의 적용, 개념과 관련된 하위 개념들을 반복적으로 학습할 수 있도록 구성했어. 이를 따라 읽는 동안 굳이 외우려 하지 않아도 저절로 개념들이 머릿속에 쏙쏙 박힐 거야. 또한 중학 지구과학을 쉽게 이해할 수 있도록, 조금은 유치해 보일 수 있지만 재미있는 일러스트와 사진들을 곁들여 놓았어. 다른 책보다 훨씬 친근하고 재미있게 지구과학 개념을 공부할 수 있을 거야.

핵심 개념의 이해가 중요한 이유는 예를 들어 '조륙 운동'이라는 개념을 정확히 이해했다면, 이 개념의 파생 원리나 이론을 다룬 '지구의 지각 변동' 영역을 쉽게 이해할 수 있기 때문이야. 그래서 이 책에 나온 핵심 개념들을 완전히 이해할 때까지 반복 공부한다면 짧은 시간을 공부해도 월등히 좋은 성적을 받을 수 있을 거야.

이 책이 지구과학 때문에 머리를 싸매고 있는 중학생이나 중학 지구과학을 선행 학습 하려는 초등학생에게 좋은 지침서가 되었으면 좋겠구나.

손영운

일 러 두 기

표제어
앞으로 배우게 될 개념의 특징을 재미있는 표현으로 알려 준다.

중요 지수
가능성 – 시험에 출제될 가능성
기여도 – 성적 향상에 기여하는 정도
난이도 – 내용의 어렵고 쉬운 정도
선호도 – 시험 문제를 출제하는 교사의 선호도

자신의 공부 목적에 맞게 중요 지수를 활용한다면 보다 효율적으로 공부할 수 있다.

호기심을 따라 가면 개념이 보여요
학습 동기를 유발하는 코너이다. 일상생활에서의 호기심을 과학과 연결 지어 개념에 대한 흥미를 불러 일으킨다.

호기심을 따라 가면 개념이 보여요

최근 들어 세계 곳곳에서 가뭄이나 홍수 같은 이상 기후가 발생하는데, 왜 그럴까?

→ 바닷물의 온도가 변하기 때문이야. 지구상에서 일어나는 모든 현상은 서로 깊은 관련이 있거든.

→ 특히 페루 동쪽 바닷물의 온도가 평소보다 높아지는 현상을 엘니뇨라고 하며, 이러한 엘니뇨로 많은 자연 재해가 발생하고 있어.

머릿속에 쏙쏙 개념(본문)
재미있는 일러스트, 다양한 사진과 함께 핵심 개념에 대해 공부한다.

풍화가 뭐예요?

'풍화'란 공기와 물 그리고 생물 등에 의해 암석이 깨지거나 잘게 부스러져 분해되는 현상을 말해. 암석을 이루는 광물 사이에는 눈에 보이지 않는 작은 틈이 많단다. 이러한 틈새로 스며든 물이 얼면서 부피가 늘어나 틈새가 더 넓어지지. 이런 일이 오랜 세월 반복되어 암석이 잘게 부스러지는 거야. 또한 암석 틈 사이로 식물이 뿌리를 내려 암석이 부스러지기도 하고, 여러 기체가 녹아 있는 물이 암석을 녹이기도 해. 이러한 과정들로 인해 암석이 작은 돌조각이나 모래, 흙으로 변해 가는 거지.

개념 정립
제일 먼저
개념의 정의를
공부한다.

개념을 설명하는 도식
재미있는 도식들이
개념 이해를 도와준다.

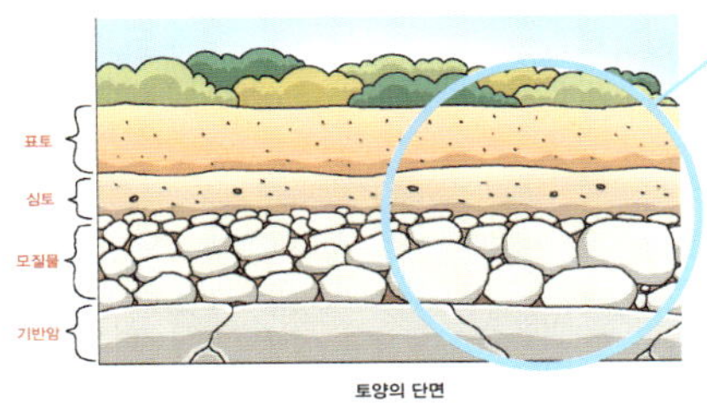

…어가 연구할 수는 …히 사용하는 것이 …으로, 물질의 종류가 다른 곳을 지나갈 때는 속도가 빨라지거나 반사하거나 굴절을 해. 그래서 과학자들은 지진파의 속도가 달라지는 곳이나 반사 및 굴절을 하는 지점을 찾아내 지구의 내부 구조가 4개로 구성된 걸 알게 됐어.

개념 이해를 돕는 일러스트
엉뚱 발랄한 캐릭터들이
개념을 설명한다.

혜성이 뭐예요?

혜성을 영어로는 코멧(Comet)이라고 하는데, 그리스어인 'komete'라는 단어에서 비롯된 말이야. 이 단어는 '긴 머리카락을 가진 것'이라는 뜻을 가지고 있어. 마치 사람의 머리털처럼 긴 꼬리를 휘날리며 날아가기 때문에 붙은 이름이란다. 즉 '혜성'은 긴 꼬리를 늘어뜨리고 태양을 중심으로 타원형을 그리며 일정한 주기로 공전하는 천체야.

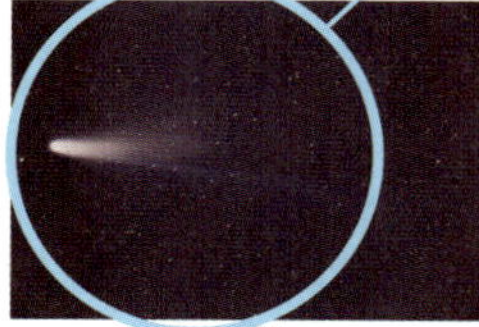

혜성의 꼬리는 어떻게 만들어지나요?

혜성의 머리는 주로 먼지가 뒤엉킨 얼음덩어리로 이루어져 있어. 꼬리는 태양에 근접했을 때 생긴단다. 태양과 가까워질수록 뜨거운 태양열에 얼음이 증발하여 가스로 변해. 이것이 태양 빛에 반사되어 우리 눈에 꼬리로 보이는 거야. 그리고 혜성의 꼬리는 항상 태양이 있는 쪽과 반대 방향으로 생긴단다. 꼬리를 자세히 살펴보면 먼지로 이

개념 이해를 돕는 사진 자료
다양한 사진 자료가 개념을 이해하고 오래 기억하도록 도와준다.

개념의 적용 및 관련 개념 알기
개념을 알게 되었다면 그 개념의 확대 개념과 하위 개념들에 대해 차례로 배운다.

교과서 속 개념
교과서에서 개념들이 어떻게 소개되는지 알려 준다.

교과서 속의 오로라

열권은 공기가 매우 희박하고, 태양 에너지를 직접 흡수하기 때문에 온도가 매우 높다. 극지방에서 관측되는 오로라는 태양에서 오는 알갱이들이 지구의 자력에 붙잡혀서 만들어진다.

옛날에는 왜 혜성을 무서워했어요?

혜성은 얼음덩어리와 먼지로 된 작은 천체란다. 혜성의 꼬리는 파랗게 보이는데, 옛날 사람들은 이것을 보고 무서워했단다. 커다란 별이 파란색 머리를 산발한 채 까만 밤하늘을 가르는 모습은 으스스할 정도로 무서워 보였어.

당시에는 이런 사람들의 심리를 이용해 사기를 치는 사람들이 많았다고 하는구나. 1910년 핼리 혜성이 지구를 지나갈 무렵, 유럽에서는 사기꾼들이 핼리 혜성 때문에 사람들이 큰 병에 걸릴 거라는 유언비어를 퍼뜨려 약을 만들어 팔았다고 해. 약의 이름은 '혜성 알약'이었다고 해. 또 다른 사기꾼은 '혜성 포도주'를 만들어 팔았고, 또 어떤 이는 '혜성 보험'까지 팔았다고 해.

이렇게 사람들이 혜성을 두려워한 까닭은 혜성을 죄 지은 사람들을 심판하기 위해 하늘에서 파견한 심부름꾼이라고 생각했기 때문이란다. 즉 사람들은 혜성을 전쟁과 질병 그리고 죽음의 징조로 여기고

1. **대기권**은 지표면을 둘러싸고 있는 공기의 층이다.
2. 대기권은 높이에 따라 온도가 달라지는데, 이것을 기준으로 대류권, 성층권, 중간권, 열권으로 구분한다.
3. 높은 곳에 갈수록 공기가 적어지고, 기온이 낮아진다.

해수의 성분과 운동

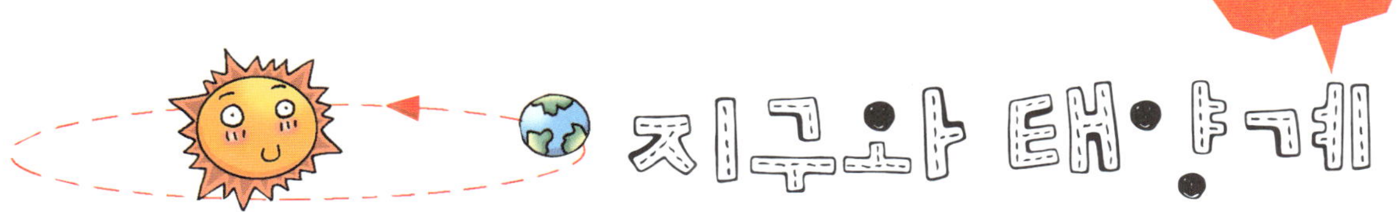

지구와 태양계

지구의 역사와 지각 변동

지구의 구조

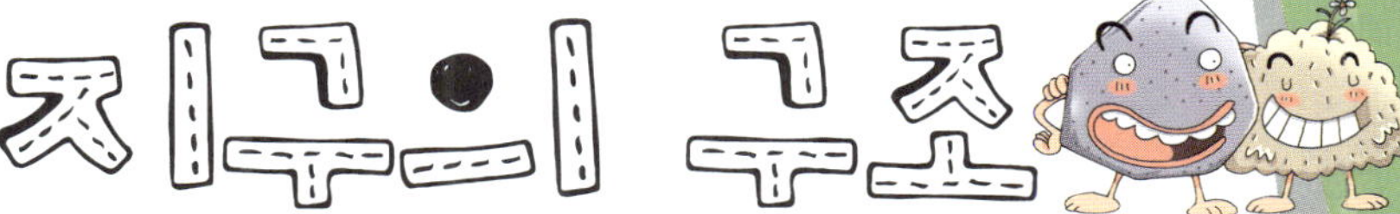

대기가 층층이 모여 **대기권**

자외선을 막아 줘! **오존층**

극지방의 푸른 띠 **오로라**

위아래, 양옆으로 흔들리는 **지진파**

층층이 다른 **지구 내부 구조**

대기가 층층이 모여 대기권

대기권은 지표면을 둘러싸고 있는 공기의 층이다.

가능성 ★★★★★
기여도 ★★★
난이도 ★★★
선호도 ★★★★★

호기심을 따라가면 개념이 보여요

왜 바람이 불면 나뭇잎이 흩날리고 연이 둥둥 떠오를까?

→

바람은 우리 눈에 보이지 않는 어떤 존재의 움직임이기 때문이야.

→

그것은 바로 공기로, 지구의 중력에 의해 공기들이 모이게 되는데 그러한 층을 **대기권**이라고 해.

대기권이 뭐예요?

‘대기권’은 지구를 둘러싸고 있는 공기의 층으로, 지표(지구의 표면 혹은 땅의 겉면)에서 약 1,000km까지가 여기에 속해. 어떤 과학자들은 10,000km까지로 보기도 해. 대기권을 구성하는 기체 성분을 부피 비율로 따지면 질소가 약 78%, 산소가 약 21%로 대부분을 차지하고 있으며, 다음으로 아르곤, 이산화탄소, 수증기 등이 차지하고 있단다.

대기권은 어떤 구조로 되어 있나요?

대기권은 지표로부터 기온 분포에 따라 대류권, 성층권, 중간권, 열권 순으로 층을 이루고 있어. 대류권은 전체 기체의 약 75%가 있는 곳으로, 대류 현상이 일어나며 수증기가 풍부하여 구름이나 비와 같은 기상 현상이 나타나. 성층권은 공기가 안정되어 있어서 대형

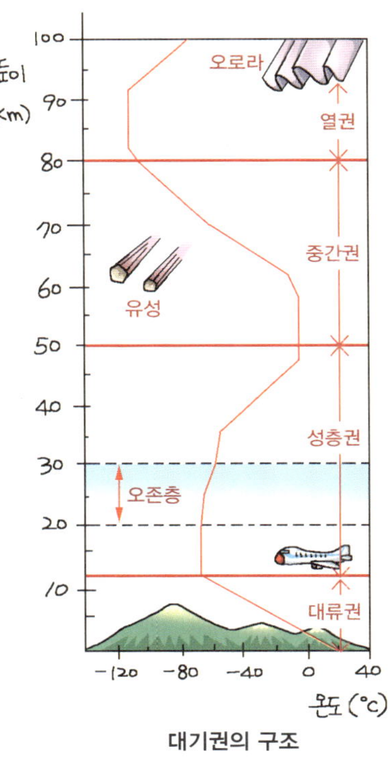

대기권의 구조

제트 비행기의 항로로 많이 이용되며 오존층이 있어. 가장 온도가 낮은 중간권은 대류 현상이 일어나지만 수증기가 없어 날씨 변화가 없단다. 그리고 극지방에서 일어나는 오로라 현상은 바로 열권에서 일어나지.

대기권은 어떤 일을 하나요?

산소를 공급하여 생물이 호흡할 수 있게 해주고, 태양으로부터 오

는 해로운 자외선을 막아 줘. 또
한 지구의 열이 우주 공간으로 빠
져나가는 것을 막아 지구의 기온
을 일정하게 유지해 준단다. 이뿐
만 아니라 운석의 충돌로부터 지
구를 보호해 줘.

대기가 없는 달에서는 우주복을 착용해야 한다.

**교과서 속의
대기권** 지구는 공기층으로 둘러싸여 있는데, 이 공기층을 대기권이
라고 한다.

엄홍길 아저씨는 등산할 때
왜 두터운 방한복을 입고 산소마
스크를 쓸까요?

대한민국 최초로 히말라야 8,000m급 16개 봉우리
에 올라간 엄홍길 아저씨의 옷을 본 모양이구나. 우선 엄홍길 아저씨
가 두터운 방한복을 입은 이유는 기온 차를 줄이기 위해서란다. 겨울

철이 되면 아침에는 매우 춥다가 오후가 되면 따뜻해지는 경우가 있잖니. 이렇게 기온이 올라가는 이유는 햇볕을 받아 지표면의 가열된 열기가 공기를 데우기 때문이란다. 그래서 하루 중 기온이 가장 높을 때가 태양이 가장 높이 떠 있는 정오가 아니라 1, 2시간 정도 더 지났을 때지. 그리고 대기의 온도는 지표로부터 멀어질수록 낮아져.

에베레스트 산은 높이가 8,848m야. 그래서 지표로부터 받는 열기의 양이 작아서 기온이 무척 낮단다. 산 정상에 항상 눈이 쌓여 있는 것도 이 때문이야.

또 산소마스크를 하는 이유는 지표에서 높은 곳으로 갈수록 지구 중심에서 잡아당기는 중력이 약해져 산소가 부족하기 때문이란다. 지표의 공기들도 질량이 있기 때문에 중력에 붙들려 있거든. 그런데 높은 곳에 갈수록 그 중력이 약해지니까 붙들려 있는 공기의 양도 줄어들게 돼. 실제로 지구 전체 공기의 약 99%가 지표로부터 약 32km 높이에 분포하고 있어. 그래서 높은 곳일수록 산소가 많이 부족하단다. 사람은 산소가 부족하면 여러 가지 신체적인 이상이 생겨 자칫하면 목숨을 잃을 수도 있어. 그러니 높은 곳에 올라갈 때는 꼭 산소마스크를 준비해야 하는 거란다.

1. **대기권**은 지표면을 둘러싸고 있는 공기의 층이다.
2. 대기권은 높이에 따라 온도가 달라지는데, 이것을 기준으로 대류권, 성층권, 중간권, 열권으로 구분한다.
3. 높은 곳에 갈수록 공기가 적어지고, 기온이 낮아진다.

자외선을 막아 줘!

가능성	★★★
기여도	★★★
난이도	★★★
선호도	★★★★

오존층은 성층권에 분포하며 오존으로 이루어진 공기층이다.

호기심을 따라가면 개념이 보여요

왜 엄마는 밖에 나갈 때 꼭 자외선 차단제를 바르라고 할까?

→

태양 자외선은 살균 효과도 있지만, 피부 세포를 파괴하기도 하거든.

→

오존층은 태양의 자외선을 흡수해 생물을 보호해 줘. 하지만 환경 오염으로 오존층이 많이 얇아져서 외출 시에는 꼭 자외선 차단제를 발라야 해.

오존은 어떤 물질인가요?

'오존'은 산소 원자 3개로 이루어 진 분자로, 독특한 냄새를 가지고 있어. 바로 화장실이나 수영장 소독을 할 때 사용하는 락스라는 화학 물질 냄새지. 락스의 원료가 바로 오존이거든.

오존층은 어떤 일을 하나요?

오존은 90% 이상이 15~30km의 성층권이라고 하는 대기층에 모여 있단다. 이처럼 오존의 밀도가 높은 층을 '오존층'이라고 해. 지구를 빙 둘러싸고 있는 오존층은 태양에서 오는 해로운 자외선을 흡수하여 성층권의 온도를 높여 줘. 자외선은 생물의 세포를 파괴하기 때문에 오존층은 지구의 생명을 지키는 중요한 일을 하는 셈이야.

오존층은 오존 분자가 성층권에 모여 층을 이룬 것이다.

왜 오존층이 파괴되고 있나요?

요즘 들어 이렇게 중요한 일을 하고 있는 오존층이 몸살을 앓고 있단다. 남극을 중심으로 오존층이 점점 얇아지고 있거든. 그 원인은 바로 사람들이 환경을 생각하지 않았기 때문이야. 특히 프레온(CFC)이라는 화학 물질을 쓰기 시작하면서 오존층이 파괴되기 시작했어. 물론 처음에는 그 사실을 몰랐지만 이것을 사용한 후 남극의 오존층이 엄청나게 얇아진 것을 발견했단다.

오존층이 파괴되면 어떻게 될까요?

미국 항공 우주국(NASA)의 연구에 따르면, 남극 대륙 상공의 오존층이 절반 정도나 파괴되었다는구나. 오존층이 파괴된 곳은 태양의 해로운 자외선이 그대로 쏟아져 들어오게 돼. 자외선에 오랫동안 노출될 경우 기미나 검버섯 등의 색소가 피부에 남게 되고, 피부가 거칠어지며, 심하면 피부암이나 백내장이라는 심각한 눈 질환에 걸리기도 한단다.

불행 중 다행으로 사람들이 많이 사는 북반구의 오존층은 심각하게 파괴되지 않았어. 하지만 남극 주변에 있는 나라의 사람들은 오존층 파괴의 피해를 피부로 느끼고 있단다. 오스트레일리아, 뉴질랜드, 칠레 등의 국가에서 피부암과 백내장 환자의 발생률이 눈에 띄게 증가했거든.

오존층이 제 역할을 하지 못하면 그 피해는 사람만 받는 것이 아니

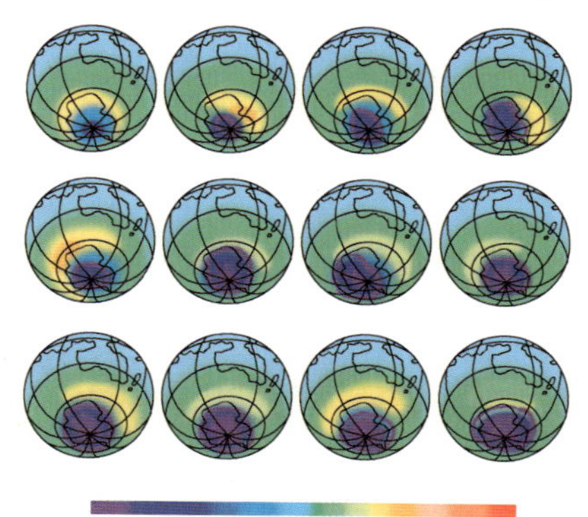

1980~2001년, 점점 커지고 있는 오존 구멍
(빨간 표시 부분)

야. 사람이 받는 피해보다는 자연 전체가 받는 피해가 훨씬 심각하지. 자외선은 육상 식물이나 동물들의 DNA를 파괴하여 다양한 돌연변이를 일으켜 육상 생태계의 질서를 무너뜨리거든. 또한 해양 생태계의 근본을 이루는 플랑크톤을 멸종시켜 해양 생물들의 먹이 사슬을 파괴할 수도 있어. 이러한 현상들이 심해지면 결국 생태계의 대혼란이 야기되어 지구는 죽음의 행성이 될 수도 있어. 환경을 보호하는 일은 지구의 생명을 지키는 일과도 같단다.

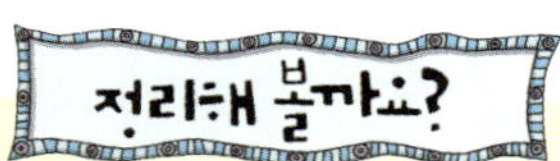

1. **오존층**은 성층권에 분포하며 오존으로 이루어진 공기층이다.
2. 오존은 자외선을 흡수하여 생물을 보호한다.
3. 오존층을 파괴하는 대표적인 물질은 프레온 가스이다.
4. 오존층이 파괴되면 생태계가 파괴된다.

극지방의 푸른 띠 오로라

오로라는 태양풍이 지구의 대기로 들어와 기체들과 충돌하면서 빛을 내는 현상이다.

가능성	★★★
기여도	★★★
난이도	★★★
선호도	★★★

호기심을 따라가면 개념이 보여요

극지방에 가면 온 하늘을 붉게 또는 푸르게 물들이는 띠를 볼 수 있어. 이 현상을 **오로라**라고 해!

→

오로라는 로마 신화에 등장하는 새벽의 여신 '아우로라(aurora)'의 영어식 이름이야. 그런데 왜 오로라 현상이 발생할까?

→

태양에서 오는 전기 입자들과 지구 대기권의 열권에서 공기들이 충돌하기 때문에 발생하는 거야!

오로라 현상이 뭐예요?

번개가 번쩍 치면서 하늘이 순간적으로 푸르스름해지는 걸 본 적이 있을 거야. '오로라' 역시 이와 비슷한 현상으로, 한마디로 방전 현상이라고 할 수 있어. 태양의 표면에서 날아온 태양풍이 지구의 자기장에 붙들려 열권에서 공기 분자와 충돌을 일으켜 방전 현상을 일으킨단다. 이때 여러 가지의 색과 모양을 띤 빛이 나타나는데, 이것이 바로 오로라야.

왜 극지방에 오로라 현상이 많이 발생할까요?

그것은 북극과 남극의 지구 자기장이 세기 때문이야. 태양에서 폭발이 일어나면 많은 양의 전기를 띤 입자들이 발생하는데, 이것들이 마치 바람처럼 지구로 불어온단다.

태양풍을 막는 지구 자기장

그래서 '태양풍'이라고도 해. 그런데 이것이 그대로 지구에 도달하면 우리는 모두 감전되어 죽어. 다행히도 지구 자기장이 이것을 막아 준단다. 일부 태양풍의 전기를 띤 입자들은 지구 자기장을 따라 뱅뱅 도는데, 이것이 지구 자기장이 가장 강력한 북극과 남극 지방 주변의 높이 100~500km 공중에서 지구의 공기 분자들과 충돌하여 오로라 현상을 일으킨단다.

교과서 속의 오로라
열권은 공기가 매우 희박하고, 태양 에너지를 직접 흡수하기 때문에 온도가 매우 높다. 극지방에서 관측되는 오로라는 태양에서 오는 알갱이들이 지구의 자력에 붙잡혀서 만들어진다.

오로라는 지구에 어떤 영향을 미치나요?

오로라의 규모가 크게 발달할 때에는 지구에 이상한 일이 많이 생긴다고 하는구나. 태양의 활동이 활발할수록 오로라의 규모나 발생 범위가 넓어지고, 여러 가지 문제가 발생하는 거지.

예를 들어 1989년 3월 캐나다의 몬트리올과 퀘벡 지역에서 아무 이유 없이 거의 9시간 동안 정전이 일어나 모든 기능이 마비됐던 적이 있었어. 이 사건의 범인은 지구에서 1억 5,000만km나 떨어져 있는 태양이었지. 그 해는 천문학사에 기록될 정도로 태양 활동이 아주 활발했거든. 태양의 흑점 수가 최대로 증가했고, 태양 표면의 폭발 활동도 극에 달했어. 그 영향으로 강력한 전기를 띤 입자들로 이루어진 태양풍이 지구로 들이닥쳤고, 지구 자기장은 이 입자들을 전부 막아 내지 못했어. 태양풍으로 인해 더 강해진 지구 자기장은 유도 전류를 발생시켜 땅속 깊은 곳에 매설된 전선에 아주 높은 전압의 전류를 흐르게 했어. 갑자기 전류가 많이 흐르자 퓨즈가 끊어지듯 전선이 끊어졌고 정전이 일어난 거지. 이럴 때 잘못하면 큰 화재가 일어날 수도 있단다.

이뿐만 아니라 미국 애리조나 주에서 오로라 현상이 일어나면서 인공위성의 궤도 추적을 담당하던 미국의 위성 추적 시스템에 오류가 발생해 수많은 위성들의 위치를 잃어버리는 일도 있었단다.

이처럼 오로라는 아름다운 현상이지만 지구에 재앙을 안겨 줄 수도 있어.

정리해 볼까요?

1. **오로라**는 태양풍이 지구의 대기로 들어와 기체들과 충돌하면서 빛을 내는 현상이다.
2. 오로라 현상은 대기권 중에서 열권에서 일어난다.
3. 오로라 현상은 주로 극지방에서 일어난다.

위아래, 양옆으로 흔들리는 지진파

가능성 ★★★☆
기여도 ★★★★☆
난이도 ★★★★★
선호도 ★★★★★

지진파는 지구 내부에서 지진이 일어날 때 발생하는 파동이다.

호기심을 따라가면 개념이 보여요

옛날 인디언들은 사냥을 하기 전에 땅에 귀를 댔다고 해. 왜 그랬을까?

→

동물들이 뛰면 땅이 진동하는데, 이 진동은 멀리 퍼져 나가. 그 진동 크기로 사냥할 동물의 위치와 규모를 파악할 수 있거든.

→

이러한 진동이 지구 내부에서 일어나는 것을 **지진파**라고 해.

지진파가 뭐예요?

화산이 폭발하거나 지진이 일어나면 땅이 진동해. 땅의 진동은 물결과 같은 파동의 형태로 멀리 퍼져 나가는데, 이러한 파동을 '지진파'라고 한단다.

지진파의 P파와 S파가 뭐예요?

지진파는 종류나 성질에 따라 'P파'와 'S파'로 구분된단다. P파는 지진이 진행하는 방향과 땅이 흔들리는 방향이 같아서 종파라 하고, S파는 지진이 진행하는 방향과 땅이 흔들리는 방향이 서로 수직이라서 횡파라고 한단다. 종파인 P파는 고체, 액체, 기체 상태의 물체를 통과하며 진동 폭은 작지만 속도가 빨라 먼저 도착해. 횡파인 S파는 고체 상태의 물질만 통과하고 진동 폭은 크지만 속도가 느려 늦게 도착하지.

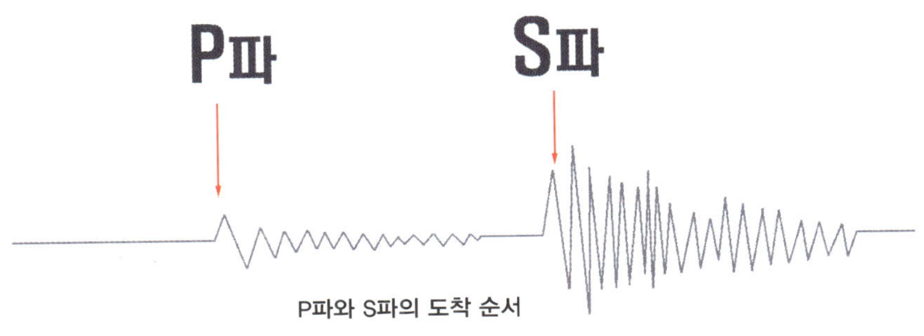

P파와 S파의 도착 순서

지진파로 내부 구조를 파악할 수 있나요?

그렇단다. 지진파는 지나가는 곳에 어떤 물질이 있는가에 따라 전달되는 속도나 방향이 달라지거든. 큰 규모의 지진을 발생시키는 지진파는 에너지가 매우 크기 때문에 지구 내부의 아주 깊숙한 곳이나 심지어 지구 반대쪽까지도 전달된단다. 그래서 과학자들은 지진파를 연구하여 지구 내부에 어떤 물질이 있고, 그 특성이 무엇인지 간접적으로 알아낼 수 있는 거지. 그리고 처음으로 지진파를

처음으로 지진파로 지구 내부를 연구한 모호로비치치

이용해 지구 내부를 연구한 과학자는 유고슬라비아 출신의 모호로비치치야. 그는 지진파의 움직임을 조사하여 지각과 맨틀의 경계를 발견했는데, 그것을 그의 이름을 따서 '모호로비치치 불연속면' 또는 '모호면'이라고 해.

P파와 S파 중 무엇이 피해가 큰가요?

지진은 땅속에 있는 암석들의 일정한 힘의 균형이 깨지면서 에너지를 방출하기 때문에 일어나는 거란다. 땅속 내부에서 균형이 깨지면 진동이 발생하고 이 진동이 사방으로 전달되어 땅이 흔들리는 거지.

지진이 일어나면 지진파로 에너지를 전달하는데 진동 폭이 작고 속도가 빠른 P파가 먼저 도착해. 이때 P파의 영향으로 땅이 위아래로 흔들리지. 그 후 진동 폭이 크고 속도가 느린 S파가 도착하는데, S파

의 영향으로 땅이 양옆으로 흔들리게 돼. 땅이 위아래로 들썩거릴 때
는 피해가 상대적으로 적은데, 양옆으로 흔들리면 피해가 커진단다.

　즉 P파가 상대적으로 피해가 적어. 하지만 P파 다음에는 피해가 큰
S파가 오니까, 이를 미리 알고 준비해야 해.

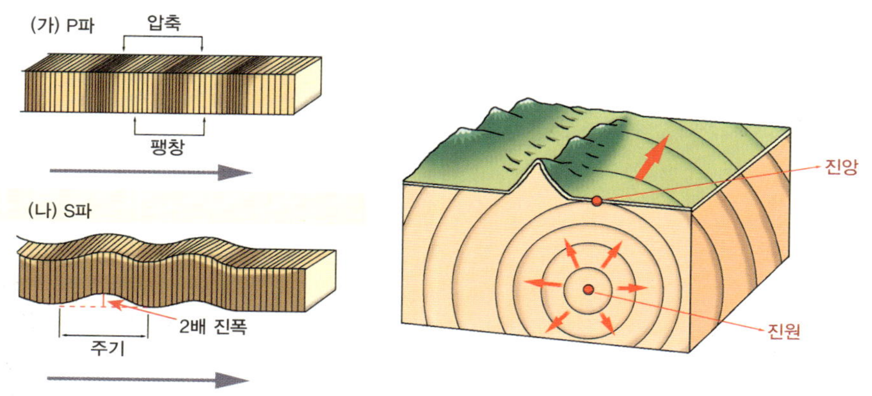

P파와 S파의 진동 폭과 지진의 생성과 전달

1. **지진파**는 지구 내부에서 지진이 일어날 때 발생하는 파동이다.
2. 지진파에는 고체, 액체, 기체를 모두 통과하며 진동 폭이 작고 속도가 빠른 P파
   와 고체만 통과하며 진동 폭이 크고 속도가 느린 S파가 있다.
3. 지진파는 지구 전체를 통과하며 물질에 따라 속도와 전달되는 모양이 달라지므
   로 지구 내부를 연구하는 중요한 수단이 된다.

층층이 다른 지구 내부 구조

가능성 ★★★★★
기여도 ★★★
난이도 ★★★
선호도 ★★★★★

지구 내부는 지각, 맨틀, 외핵, 내핵의 층상 구조로 이루어져 있다.

호기심을 따라가면 개념이 보여요

땅을 계속 파고 내려가면, 지구 반대편에 도달할 수 있지 않을까?

→

화산이 폭발하면 다양한 물질들이 분출되는데 땅속은 여러 종류의 물질로 구성되어 있는 게 아닐까?

→

지구 내부 구조는 지각과 높은 온도와 압력을 가진 맨틀, 외핵, 내핵으로 구성되어 땅을 뚫고 반대편에 도달할 수는 없어.

지구 내부 구조는 어떻게 되어 있나요?

지구는 겉에서부터 '지각, 맨틀, 외핵, 내핵' 이렇게 4개의 층으로 나누어져 있어. 땅속을 파면 흙 밑에 암석층이 나오는데 흙과 암석으로 이루어진 층을 지각이라 하고, 지각 아래 말랑말랑한 고체 상태인 층을 맨틀이라고 해. 맨틀은 지구 전체 부피의 82%를 차지하고, 고체 상태이지만 액체처럼 움직인단다. 맨틀 아래에는 철이나 니켈 같은 금속으로 이루어져 있는 액체 상태의 외핵과 더 깊은 곳에서는 고체 상태인 금속으로 이루어진 내핵이 있어. 내핵은 외핵보다 온도와 압력이 매우 높단다. 삶은 달걀을 지구라고 한다면 껍데기는 지각, 흰자위는 맨틀, 노른자위는 핵(외핵+내핵)에 비유할 수 있지.

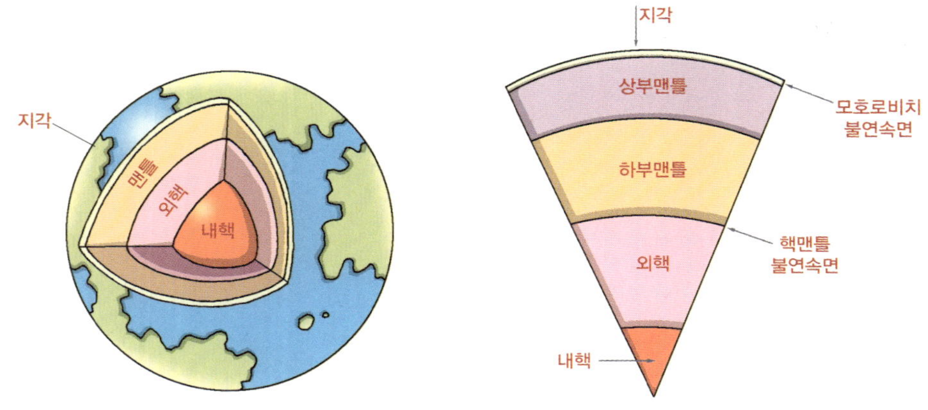

지구 내부 구조

지구 내부 구조는 어떻게 알게 됐나요?

지구 내부는 매우 깊어서 사람들이 직접 파고 들어가 연구할 수는 없어. 그래서 간접적인 방법을 사용하는데, 가장 흔히 사용하는 것이 지진파야. 지진파는 지진이 일어날 때 생기는 파동으로, 물질의 종류가 다른 곳을 지나갈 때는 속도가 빨라지거나 반사하거나 굴절을 해. 그래서 과학자들은 지진파의 속도가 달라지는 곳이나 반사 및 굴절을 하는 지점을 찾아내 지구의 내부 구조가 4개로 구성된 걸 알게 됐어.

육지와 바다 쪽 지각은 두께나 성질이 달라. 육지 쪽 지각의 평균 두께는 약 35km에 달하며, 산맥 쪽은 더욱 두껍지. 반면 바다 쪽의 지각은 약 5km로 아주 얇단다. 그리고 육지 쪽 지각은 바다 쪽 지각보다 질량이 가벼운 암석들로 되어 있어.

교과서 속의 지구 내부 구조
지진파의 속도가 급격히 변하는 지점을 경계로 지구 내부는 지각, 맨틀, 외핵, 내핵으로 구분된다. 층마다 성질이 각각 다르며, 안쪽에 있는 층일수록 더 무거운 물질로 되어 있다. 핵은 안쪽의 내핵과 바깥쪽의 외핵으로 나뉘며, 외핵은 액체 상태다.

지큐호가 뭐예요?

지큐호는 시추선이란다. 시추란 지각 내부를 연구하기 위해 지각에 구멍을 뚫는 일을 말하고, 시추선은 시추하는 배를 뜻해. 지각은 육지보다 바다 쪽이 훨씬 얇아. 그래서 지구 내부를 연구하는 과학자들은 바다에 시추선을 띄워 놓고, 해양 지각을 연구해.

　　이러한 연구의 중심
에는 축구장 두 배의
길이에 30층 높이를
가진 거대한 해양 시추
선 '지큐호'가 있어. 기
존 시추선이 2km 정도
까지 시추할 수 있었다
면 지큐호는 7~10km
깊이까지 시추가 가능

지진과 대륙 이동의 원인을 알 수 있는 지큐호

해. 해양 지각의 두께가 6km쯤 되니까 맨틀까지 뚫을 수 있어. 그리
고 그 속에 지진파 관측 장치를 설치하면 지진이 일어나는 이유를 알
수 있단다. 세계 최초로 맨틀을 연구하는 셈이야.

　　과학자들은 지큐호를 이용하여 지진이 일어나는 이유와 대륙이 이
동하는 원인을 확실하게 밝힐 수 있도록 연구하고 있어. 지진파를 통
해 지구 내부를 간접적으로 연구했는데 이제는 맨틀까지 파고들어 직
접 연구하게 된 거야. 이 연구가 성공적으로 진행된다면 맨틀에 포함
되어 있는 지하자원을 이용할 수 있는 날도 머지않은 것 같구나.

1. **지구 내부**는 지각, 맨틀, 외핵, 내핵의 층상 구조로 이루어져 있다.
2. 육지 지각은 해양 지각보다 두껍지만 질량이 가벼운 암석으로 되어 있다.

지각의 물질

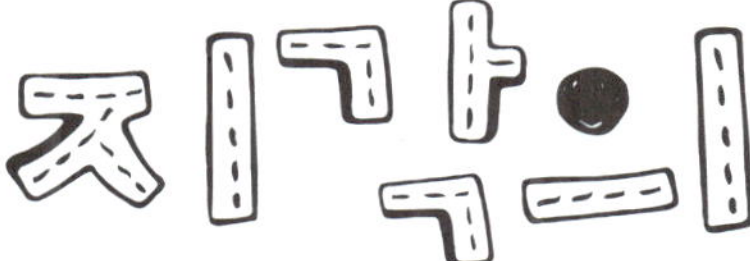

암석을 이루는 광물

광물은 암석을 이루고 있는 알갱이이다.

가능성 ★★★★
기여도 ★★★
난이도 ★★★
선호도 ★★★★★

호기심을 따라가면 개념이 보여요

돌을 모으는 사람이 있대. 다 똑같이 생긴 돌을 왜 모으는 걸까?

그렇지 않아. 돌(암석)을 가만히 살펴보면, 색과 모양이 다른 알갱이들로 구성되어 있어.

그런 알갱이를 **광물**이라고 하는데, 산소와 규소 등 여러 가지 원소들로 이루어져 있어.

광물이 뭐예요?

지각은 화성암, 퇴적암, 변성암 등 여러 가지 종류의 암석들로 형성되어 있어. 또한 암석은 색깔과 모양 그리고 크기가 다른 여러 종류의 알갱이들로 이루어져 있는데, 이러한 알갱이들을 '광물'이라고 해.

조암 광물이 뭐예요?

'조암 광물'은 암석을 이루는 광물로, 현재까지 4,000여 종류가 발

견되었단다. 하지만 실제 암석을 이루는 주요 광물은 장석(51%), 석영(12%), 운모(5%), 각섬석, 휘석, 감람석 등이야.

광물은 무엇으로 이루어져 있나요?

광물은 종류가 무척 다양하단다. 광물을 이루는 원소의 종류가 다양한데다 원자의 배열 상태나 화학 결합 방법에 차이가 있기 때문이지. 특히 광물을 이루는 원소 중에는 산소(46.6%)와 규소(27.7%)가 전체의 약 3/4을 차지하고 있어. 그밖에도 알루미늄(8.1%), 철(5.0%), 칼슘(3.6%), 나트륨(2.8%), 칼륨(2.6%), 마그네슘(2.1%) 등이 있는데, 이들을 '지각의 8대 원소'라고 한단다.

많은 광물들을 어떻게 구별하나요?

광물은 겉보기 색, 무르고 단단한 정도인 굳기, 반짝거리는 정도인 광택, 광물을 떨어뜨렸을 때 부서지는 성질인 쪼개짐과 깨짐 등으로 구별해. 예를 들어 광물은 저마다 고유한 색깔을 띠는데, 이를 겉보기 색이라고 하지. 장석은 흰색, 흑운모나 자철석은 검은색을 띠며, 황동

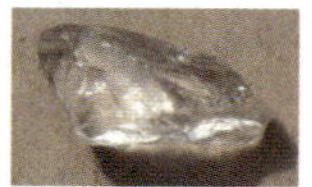

| 석영 | 장석 | 흑운모 | 감람석 | 휘석 | 각섬석 |

석이나 황철석은 노란색을 띤단다.

지각은 암석으로 이루어져 있고, 암석은 작은 알갱이인 광물로 이루어져 있다. 따라서 광물은 지각을 구성하는 데 기본이 되는 물질이라고 할 수 있다.

실생활에서 광물이 많이 사용되나요?

많이 사용된단다. 자동차의 차체로 철과 알루미늄이, 전기다리미의 절연체로 운모가 사용되지. 또한 점토를 구워서 만든 벽돌이나 도자기 등도 광물을 이용한 좋은 예라고 할 수 있어.

광물 중에는 활석과 같이 손톱으로만 긁어도 흠집이 날 정도로 무른 것이 있는가 하면, 금강석(다이아몬드)과 같이 굳기가 단단해서 깨지지 않는 것도 있어. 금강석은 이런 특성 때문에 터널을 뚫거나 땅을 파는 굴착기에 사용되기도 해.

그리고 광물에 충격을 주었을 때 일정한 방향으로 쪼개지는 성질을 쪼개짐이라고 하고, 불규칙하게 쪼개지는 성질을 깨짐이라고 해.

흑요석으로 만든 화살촉

석영이나 흑요석과 같은 광물 등은 불규칙하게 쪼개지지. 특히 흑요석 파편은 아주 날카로워서 석기 시대 때 칼날이나 화살촉으로 사용하기도 했어. 광물을 이용한 예는 이렇게 무궁무진하단다.

정리해 볼까요?

1. **광물**은 암석을 이루고 있는 알갱이이다.
2. 지각은 암석으로 이루어져 있고, 암석은 광물로 이루어져 있고, 광물은 여러 가지 원소로 이루어져 있다.
3. 조암 광물은 암석을 이루고 있는 주된 광물이다.
4. 광물의 종류는 굳기, 광택, 쪼개짐, 겉보기 색 등으로 구분된다.

마그마가 굳어서 생긴 화성암

화성암은 마그마가 땅속에서 식거나 지표로 흘러넘쳐 굳은 암석이다.

가능성 ★★★★★
기여도 ★★★
난이도 ★★★
선호도 ★★★★★

호기심을 따라가면 개념이 보여요

일본에는 나무로 된 탑이 많고 우리나라는 돌로 된 탑이 많아. 왜 그럴까?

→ 주변에서 흔히 볼 수 있는 재료를 사용하여 물건을 만들기 때문이야. 우리나라는 탑을 만들기에 좋은 돌이 많아.

→ 특히 질 좋은 화강암이 많지. 화강암은 마그마가 굳어서 만들어진 암석으로 현무암과 함께 **화성암**을 대표하는 암석이야.

화성암이 뭐예요?

화성암은 마그마가 굳어서 된 암석이야. 화성암(火成巖)의 한자를 풀어 보면 '불(火)이 이룬(成) 암석'이 되지. 옛날 사람들은 마그마가 붉고 뜨겁기 때문에 불이라고 생각했거든. 그런데 화성암은 하나의 암석을 가리키는 말이 아니야. 성질이 비슷한 몇 가지 종류의 암석을 통틀어서 말하는데, 대표적인 암석으로 화강암과 현무암이 있어.

화강암은 어떤 암석인가요?

화강암은 '꽃처럼 아름답고, 산등성처럼 단단한 암석(돌)'이라는 뜻이야. 화강암은 마그마가 땅속 깊은 곳에서 천천히 식어서 만들어진 암석이기 때문에 결정이 예쁘거든. 시간을 두고 정성을 들여 그린 그림일수록 더욱 멋지듯이 시간을 두고 천천히 식은 암석일수록 예쁘단다.

현무암은 어떤 암석인가요?

현무암은 '검고 단단한 암석(돌)'이라는 뜻이야. 현무암은 화산이 폭발할 때 지표로 흘러나온 마그마가 차가운 공기나 물을 만나 빠르게 식어서 만들어진 암석이지. 그래서 암석에 구멍이 많이 나 있고 표면이 아주 거칠단다.

교과서 속의 화성암 지하의 물질이 녹아서 만들어진 마그마가 땅속에서 식거나 지표로 분출하여 굳어진 암석을 화성암이라고 한다.

화강암과 현무암은 어디에서 볼 수 있나요?

화성암으로 만들어진 다보탑

화강암은 우리나라에서 오래전부터 가장 많이 사용해 온 암석이란다. 우리나라는 지질학적으로 화강암을 많이 보유하고 있기 때문이야. 서울 근교에 있는 산은 대부분 화강암으로 이루어져 있단다. 강원도에 있는 설악산도 화강암 산이야. 화강암은 주로 교실 창가의 턱, 학교나 집 문패, 지하철 바닥, 빌딩 벽, 묘비 등을 만들 때 사용해.

현무암은 제주도에 아주 많단다. 왜냐하면 제주도는 화산이 폭발해서 형성된 섬이기 때문이야. 앞에서 현무암은 화산이 폭발할 때 지표로 흘러나온 마그마가 빠르게 식어서 만들어진 암석이라고 했지? 그래서 화산섬에 현무암이 많은 거란다. 제주도의 특산물인 돌하르방도 현무암으로 만든 거야. 현무암은 주로 멋진 사각 기둥이나 돌담 등을 만들 때 사용돼. 또한 제주도에는 주상절리라고 현무암 절벽이 있는데 그 경광이 아주 멋지단다. 제주도에 가게 되면 꼭 한번 보렴.

56

1. **화성암**은 마그마가 땅속에서 식거나 지표로 흘러넘쳐 굳은 암석이다.
2. 화성암의 대표적인 암석은 화강암과 현무암으로, 화강암은 땅속 깊은 곳에서 천천히 식어서 만들어진 암석이고, 현무암은 지표에서 빠르게 식어서 만들어진 암석이다.

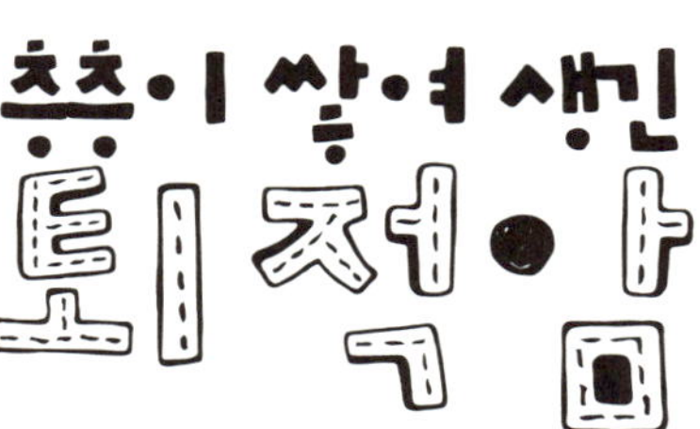

가능성 ★★★★
기여도 ★★★
난이도 ★★★
선호도 ★★★★★

퇴적암은 호수나 바다 밑에서 퇴적물이 쌓여 굳어진 암석이다.

호기심을 따라가면 개념이 보여요

사람의 나이는 얼굴의 주름살을 보면 알 수 있잖아. 지구의 나이는 어떻게 알 수 있을까?

→

지구의 나이는 퇴적암을 연구하면 어느 정도 알 수 있어. 퇴적암은 사람 얼굴의 주름살과도 같거든.

→

퇴적암은 모래나 진흙 등이 쌓인 후 단단히 굳어서 만들어진 암석이야!

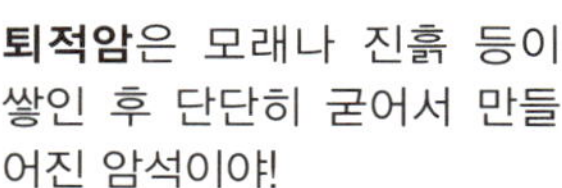

퇴적암이 뭐예요?

'퇴적암'은 호수나 바다에서 퇴적물이 굳어져 만들어진 암석을 말해.

암석은 풍화되거나 침식되어 잘게 부서져 작은 돌 조각이나 모래, 진흙으로 변해. 이것이 흐르는 물과 바람에 의해 운반되지. 그러다 물의 흐름이나 바람이 약한 곳인 강의 하구나 바다 밑에 쌓이게 돼. 이것을 '퇴적물'이라고 한단다. 이렇게 쌓인 퇴적물은 위에 쌓인 퇴적물

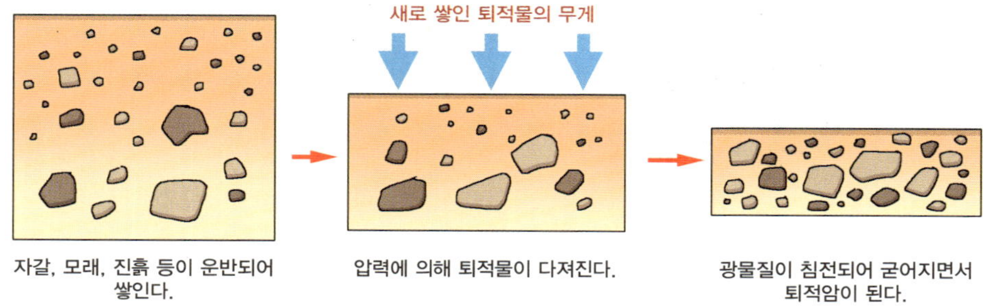

퇴적암의 생성 과정

에 눌려서 다져지게 되고, 이때 밑에 있는 퇴적물의 알갱이들은 물에 녹아 있던 석회질 성분 등에 의해 서로 엉겨 굳어지게 된단다. 이러한 작용이 오랜 세월 계속되면 퇴적물이 점점 굳어져서 단단한 암석이 되는데, 이것을 '퇴적암'이라고 해.

퇴적암에는 어떤 것이 있나요?

퇴적암은 퇴적물의 종류나 크기에 따라 여러 종류로 나눌 수 있단다. 그 종류는 다음과 같아. 퇴적암 중 가장 많으며 진흙으로 된 셰일, 모래와 진흙으로 이루어진 사암, 자갈과 모래, 진흙 등이 섞여서 된 역암, 화산재나 화산 먼지로 된 응회암, 바닷물이 증발되면서 소금이 침전되어 굳은 암염 그리고 어패류의 뼈나 껍데기 등이 쌓여 굳은 석회암이 있어.

60

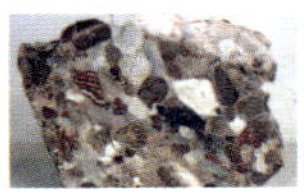

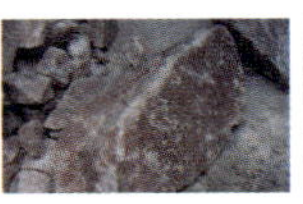

퇴적암으로 어떻게 당시의 자연 환경을 알 수 있나요?

퇴적암은 퇴적물과 호수나 바다 밑에 쌓이는 장소의 깊이에 따라 달라져. 이러한 퇴적암 속에는 과거에 살았던 생물의 유해나 흔적이 남아 있지. 그래서 퇴적암을 조사하면 그 퇴적물이 쌓인 시기나 당시의 자연 환경을 추측할 수 있단다.

교과서 속의 퇴적암

바다나 호수로 운반되어 온 퇴적물이 바닥에 계속 쌓이면, 밑에 쌓인 퇴적물은 위쪽에 쌓인 퇴적물에 의해 눌려서 다져지고, 퇴적물 입사 사이의 빈 공간에는 물에 녹아 있던 성분이 침적되면서 퇴적물 입자를 서로 엉겨붙게 한다. 이러한 과정을 거쳐서 퇴적물은 단단한 퇴적암이 된다.

채석강은 어떤 퇴적암으로 이루어져 있나요?

채석강은 전라북도 변산반도에 있는, 서해안에서 가

장 아름다운 해안이란다. 채석강은 강이 아니라 층층이 쌓인 퇴적층으로 된 해식 절벽과 그 주위를 일컫는 말이야.

채석강이라는 이름은 중국의 시인 이태백이 배 안에서 술을 마시는 중 물에 뜬 달을 보고 잡으려 하다 강에 빠졌다는 중국의 채석강과 비슷하다 하여 붙여졌단다.

채석강의 퇴적층을 자세히 살펴보면, 입자가 크고 불규칙한 모양의 퇴적물로 이루어진 역암 층과 입자가 고운 사암이나 셰일 층을 동시에 확인할 수 있어. 사암이나 셰일 층은 하천의 물이 입자의 크기가 작은 퇴적물을 천천히 운반해서 퇴적된 거야. 역암층은 많은 양의 물이 빠르게 흐르면서 크기가 큰 자갈이나 바위 등을 운반해 오다 모래와 뒤섞여 쌓이면서 형성되었어. 즉 채석강을 이루는 지층에서 사암이나 셰일 층이 차지하는 두께와 역암 층의 두께를 비교해 보면, 퇴적암이 쌓였던 중생대 때 이 지역의 기후 변화를 짐작할 수 있단다.

변산반도 채석강

1. **퇴적암**은 호수나 바다 밑에서 퇴적물이 쌓여 굳어진 암석이다.

2. 퇴적암에는 여러 종류의 화석이 남아 있어 지층이 쌓일 당시의 자연 환경을 짐 작할 수 있다.

3. 퇴적암에는 셰일, 사암, 역암, 응회암, 암염, 석회암 등이 있다.

열과 압력을 받으면 변해요!
변성암

가능성	★★★★★
기여도	★★★
난이도	★★★★
선호도	★★★★

변성암은 지하 깊은 곳에서 높은 열과 압력을 받아 성질이 변하여 된 암석이다.

호기심을 따라가면 개념이 보여요

어? 이 암석에는 줄무늬가 있네. 이 줄무늬는 누가 그려 넣은 걸까?

→

누가 그려 넣은 것이 아니라, 색이 다른 찰흙을 뭉쳐서 눌렸을 때처럼 흙이 눌려서 생긴 거야.

→

암석이 오랜 시간 높은 압력을 받아 눌리면 그런 모양이 생기지. 이런 암석을 **변성암**이라고 해.

변성암이 뭐예요?

지표 부근에 있던 화성암이나 퇴적암이 땅속 깊은 곳으로 들어가 높은 압력이나 많은 열을 받으면, 구성 광물의 성질과 크기 등이 달라지는 '변성 작용'이 일어나게 돼. 그러면 원래의 암석이 새로운 암석으로 변하게 되는데, 이러한 암석을 '변성암'이라 한다.

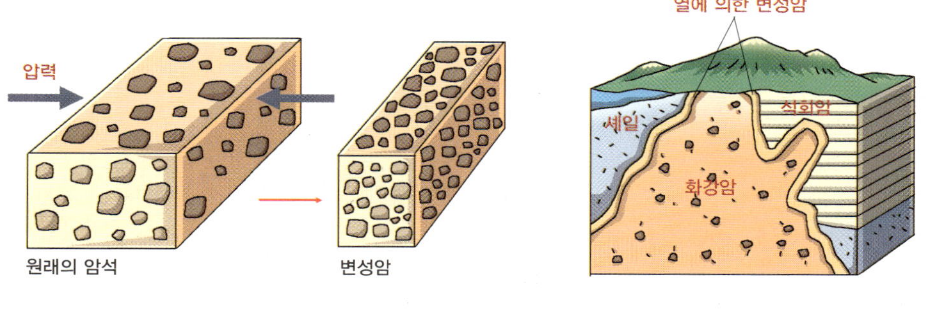

압력에 의한 변성 작용   열에 의한 변성 작용

변성 작용은 어떻게 일어나나요?

큰 압력과 많은 열을 받으면 정도에 따라 단계적으로 변성 작용이

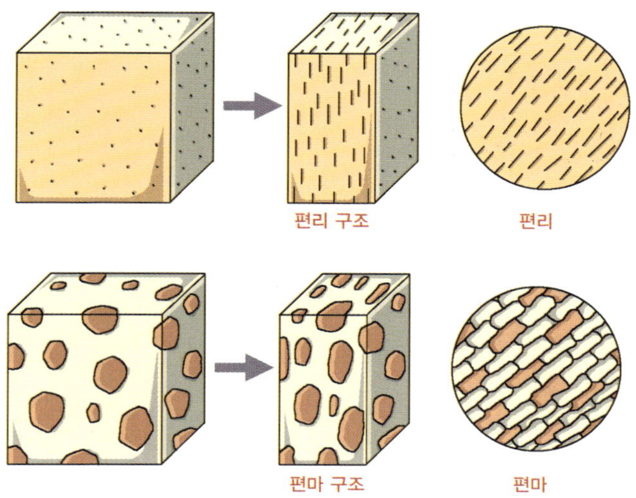

편리와 편마 구조가 생기는 원리

일어난단다. 그 정도가 심해질수록 점판암에서 천매암, 그리고 편암이 돼. 이때 생기는 얇은 줄무늬를 '편리'라고 해. 한편 편암에 변성 작용이 더 일어나면 편마암이 되는데, 편리보다 더 굵은 줄무늬인 '편마 구조'를 가지게 되지.

변성암의 종류도 다양한가요?

변성암은 열과 압력에 따라 다음과 같이 여러 종류의 암석으로 변한단다. 사암은 규암이 되고, 셰일은 점판암에서 천매암, 천매암에서 편암이 되지. 석회암은 대리암이 되고, 화강암은 편마암이 돼.

편마암

대리암

규암

교과서 속의 변성암 화성암이나 퇴적암이 지구 내부로 들어가면 지표에서보다 높은 열과 압력을 받아 암석의 성질이 바뀐다. 이렇게 해서 생성된 암석을 변성암이라고 한다.

변성암은 우리 주위에 어떻게 쓰일까요?

셰일의 변성암인 점판암은 다른 말로 '슬레이트'라고도 부르는데, 지금은 잘 사용하지 않지만 몇 십 년 전만해도 지붕의 재료로 많이 사용됐단다. 슬레이트는 넓고 얇게 잘 쪼개지는 성질을 가졌거든. 잘만 쪼개면 두께가 약 5mm 정도로 얇게 쪼갤 수 있다고 해. 이뿐만 아니라 방수 능력이 아주 뛰어나 지붕 재료로 제격이었다고 하는구나.

질 좋은 슬레이트는 몇 백 년이나 사용할 수 있다고 해. 하지만 질 나쁜 슬레이트는 눈에 잘 보이지 않지만 황철석과 같은 불순물이 많아. 그래서 물에 녹아 침식되어 구멍이 생기고 비가 새기도 했어.

슬레이트로 만들어진 지붕

한때 슬레이트 지붕 공장도 있었는데 자르고 다듬는 데 먼지가 많이 나서 공장 노동자들의 폐가 상하는 일이 많았다고 해. 누군가의 희생이 있었기에 누군가는 편안하게 살 수 있었던 셈이지. 요즘은

인공 슬레이트를 사용하기 때문에 진짜 슬레이트로 만든 지붕은 찾아
보기 힘들단다.

1. **변성암**은 지하 깊은 곳에서 높은 열과 압력을 받아 성질이 변하여 된 암석이다.
2. 변성암에는 규암, 편마암, 대리암 등이 있다.

바윗돌이 깨지고 부스러진
토양

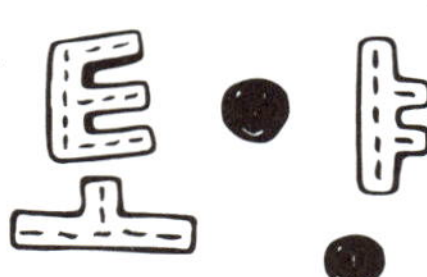

가능성 ★★★
기여도 ★★★
난이도 ★★★
선호도 ★★★

토양은 암석이 풍화되어 잘게 부스러져서 만들어진 알갱이이다.

호기심을 따라가면 개념이 보여요

땅은 원래 단단한 암석으로 되어 있었대. 그런데 어떻게 저렇게 고운 흙으로 변했을까?

→

그것은 공기와 물, 생물 때문이야. 오랫동안 자연 환경이 암석을 깨뜨리고 부스러뜨렸거든.

→

땅에 깔려 있는 흙 즉 **토양**은 암석이 잘게 부스러져 만들어진 알갱이야!

풍화가 뭐예요?

'풍화'란 공기와 물 그리고 생물 등에 의해 암석이 깨지거나 잘게 부스러져 분해되는 현상을 말해. 암석을 이루는 광물 사이에는 눈에 보이지 않는 작은 틈이 많단다. 이러한 틈새로 스며든 물이 얼면서 부피가 늘어나 틈새가 더 넓어지지. 이런 일이 오랜 세월 반복되어 암석이 잘게 부스러지는 거야. 또한 암석 틈 사이로 식물이 뿌리를 내려 암석이 부스러지기도 하고, 여러 기체가 녹아 있는 물이 암석을 녹이기도 해. 이러한 과정들로 인해 암석이 작은 돌조각이나 모래, 흙으로 변해 가는 거지.

토양의 단면

71

토양이 뭐예요?

토양은 암석이 풍화 작용을 받아 잘게 부스러진 알갱이를 말해. 토양은 일반적으로 네 종류의 층으로 이루어져 있어. 식물이 자랄 수 있는, 모래나 흙으로 지표면을 덮고 있는 층을 '표토'라고 해. 표토에서 분해된 물질이 쌓여 있는 층이 '심토'이고, 심토 밑은 '모질물'로 기반암이 잘게 부수어져 생긴 돌조각과 모래로 구성되어 있어. 그리고 그 밑에는 아직 풍화되지 않은 '암석(기반암)'이 있단다. 그리고 토양은 장소와 기후에 따라 달라져. 장소에 따라 기반암을 이루는 암석의 종류가 다른데다 기후에 따라 풍화의 종류나 정도가 달라지기 때문이지.

생명체가 지구에 사는 데 토양은 중요한 역할을 한다. 토양은 암석이 풍화되어 잘게 부스러져서 만들어진다. 또한 시간이 지나면서 동식물이 썩어 생기는 검은색의 부식토는 점점 두꺼워진다.

흙이 전자 제품 만들 때 사용된다는 게 정말이에요?

사람은 아주 오래전부터 흙을 이용하며 살아왔단다. 흙으로 집을 짓고, 그릇을 만들고, 농사도 지었지. 흙이 없으면 살 수 없을 만큼 흙은 다양하게 이용되고 있단다.

그 대표적인 예가 21세기의 쌀로 불리는 반도체야. 휴대전화, 컴퓨터, 텔레비전, 오디오 등 전자 제품 속에 꼭 들어가는 제품으로, 이것이 없다면 현재 문명은 그날로 모두 멈출 만큼 중요하단다. 그런데 이 반도체를 만드는 원료가 바로 토양 즉 흙과 모래야. 반도체는 토양 속에 포함되어 있는 실리콘(규소)과 게르마늄을 이용하여 만들거든.

흙 속에 있는 규소나 게르마늄을 이용해 만든 반도체

이뿐만 아니라 최근에는 흙이 여성 화장품의 중요한 재료로 이용되고 있단다. 예를 들면 황토 가루를 이용한 황토팩이나 천연 진흙으로 만든 머드팩 등이 있어. 이런 제품들이 인기가 있는 것은 미네랄이 풍부하고 보습 효과가 뛰어나기 때문이야. 역시 흙은 예나 지금이나 우리에게 꼭 필요한 물질이구나.

정리해 볼까요?

1. **토양**은 암석이 풍화되어 잘게 부스러져서 만들어진 알갱이이다.
2. 토양은 만들어질 때의 장소나 기후에 따라 성질이 달라진다.
3. 토양은 아래에서부터 기반암, 모질물, 심토, 표토의 순으로 층을 이루고 있다.

꼬불꼬불? 구불구불!

곡류는 물이 강의 중하류 지역을 지나면서 침식과 퇴적 작용에 의해 구불구불하게 흐르는 지형이다.

가능성 ★★★
기여도 ★★★
난이도 ★★★
선호도 ★★★★

호기심을 따라가면 개념이 보여요

왜 강은 똑바로 안 흐르고, 저렇게 꼬불꼬불 흐르는 거지?

→

강은 원래 직선으로 흘러가려고 해. 그런데 물살이 빠른 곳에서는 땅을 깎고, 느린 곳에서는 끌고 다니던 퇴적물을 쌓아 놓게 돼.

→

그래서 꼬불꼬불해진 거란다. 꼬불꼬불해서 **곡류**라고 하고, 뱀처럼 기어간다고 해서 사행천이라고도 해.

흐르는 물은 어떤 일을 하나요?

물은 흐르면서 지표를 깎아 내린단다. 이것을 '침식 작용'이라고 해. 또한 흐르는 물에는 작은 자갈이나 모래, 흙, 나뭇잎 등이 함께 흘러. 이를 '운반 작용'이라고 하지. 그런데 물살이 약해지면 더 이상 이것들을 운반하지 못하고 바닥에 내려놓게 되는데, 이것을 '퇴적 작용'이라고 해. 이처럼 흐르는 물은 침식, 운반, 퇴적 작용을 한단다.

곡류가 뭐예요?

거의 직선으로 흐르던 물이 중하류 지역의 평지를 지나면서 침식과 퇴적 작용으로 구불구불하게 흐르는데, 이것을 '곡류'라고 해. 이러한 곡류에는 크게 두 종류가 있단다. 산간 지대를 흐르는 '감입 곡류'와 평야 지대를 흐르는 '자유 곡류'가 바로 그것이지.

곡류

우각호가 뭐예요?

곡류의 바깥쪽 부분은 물의 흐름이 빨라 침식이 많이 일어나고, 안쪽 부분은 물의 흐름이 느려 퇴적이 많이 일어나. 시간이 지날수록 지속된 침식과 퇴적으로 곡류가 점점 심해지지. 그러다 곡류의 일부분

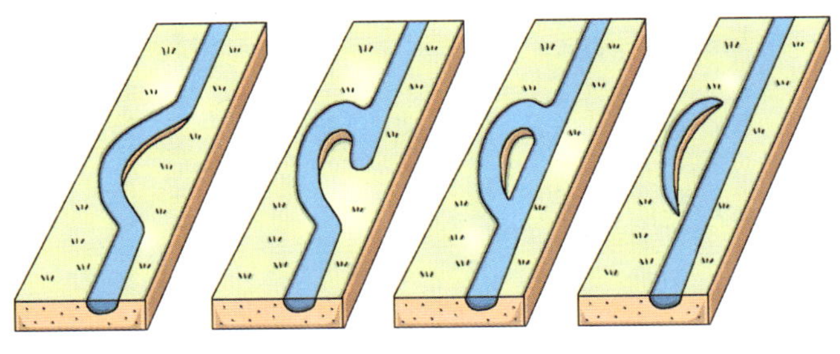
우각호의 형성 과정

77

이 하천에서 떨어져 나가 호수가 되기도 한단다. 이것을 '우각호'라고 해. 우각호는 초승달이나 쇠뿔 모양을 하고 있어.

곡류의 바깥 부분은 흐름이 빨라 침식 작용이 활발하고, 안쪽 부분은 퇴적 작용이 활발하다. 이러한 과정이 계속되면 곡류의 일부가 끊어져 쇠뿔 모양의 우각호가 생기기도 한다.

안동의 하회마을 앞 강물은 왜 뱀처럼 굽어 흐를까요?

경상북도 안동에 가면 하회탈로 유명한 하회마을이 있어. 하회마을은 조선 시대 최고의 명문가들이 살았던 동네로 널리 알려져 있단다. 지금도 당시의 세도를 알 수 있을 만큼 큼직한 기와집들이 있지. 전통 가옥이 지금까지 잘 보존될 수 있었던 까닭은 마을 전체가 흐르는 강물에 둘러싸여 있어 외부와 차단되어 있기 때문이란다. 뱃길을 이용하거나 안동 풍산 혹은 예천 호명의 큰 고개를 넘어야만 외부로 나갈 수 있지.

또한 특이한 것은 강물이 잘 흐르다 하회마을 앞에서는 뱀처럼 굽

이친다는 거야. 강을 경계
로 남쪽과 북쪽의 암석 종
류가 다르기 때문이지.

지질학자들이 이 지형
을 조사해 보니, 강의 북

강물이 뱀처럼 굽이치는 하회마을

쪽은 변성암과 화강암으로 되어 있고, 강의 남쪽은 셰일과 사암과 같
은 퇴적암으로 되어 있다고 해. 원래 지질이 달라지는 경계면은 침식
에 약한데, 강물은 이런 약한 곳을 침식시키면서 흘러. 그런데 하회마
을 앞은 단단한 퇴적암으로 되어 있고, 강 건너 절벽은 덜 단단한 변
성암으로 되어 있어. 그래서 강물은 침식하기 쉬운 절벽을 계속 깎으
면서 마을 앞으로 모래를 퇴적시켜 지금과 같은 모양이 되었다고 하
는구나. 하회마을이라는 이름도 '물이 굽이쳐 흐른다.'는 뜻에서 생긴
거라고 해.

1. 강물은 흐르면서 침식, 운반, 퇴적 작용을 한다.
2. **곡류**는 물이 강의 중하류 지역을 지나면서 침식과 퇴적 작용에 의해 구불구불
   하게 흐르는 지형이다.
3. 곡류가 발달하면 강의 일부가 떨어져 나와 쇠뿔 모양의 우각호가 된다.

끙끙! 무거워 쌓인 삼각형의 땅

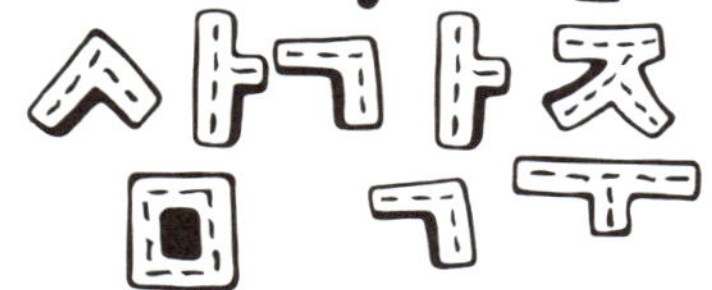

삼각주

삼각주는 퇴적물이 삼각형 모양으로 쌓여 형성된 지형이다.

가능성 ★★★★
기여도 ★★★
난이도 ★★★
선호도 ★★★★

호기심을 따라가면 개념이 보여요

와, 저 구름 좀 봐. 꼭 토끼처럼 생겼다. 우리가 사는 땅에도 특이한 모양이 있을까?

→

물론 있어. 강과 바다가 만나는 곳에 삼각형 모양의 땅이 있거든.

→

강이 바다를 만나면서, 운반되어 오던 물질이 넓게 퇴적되어서 생성된 거야. 이것을 **삼각주**라고 해.

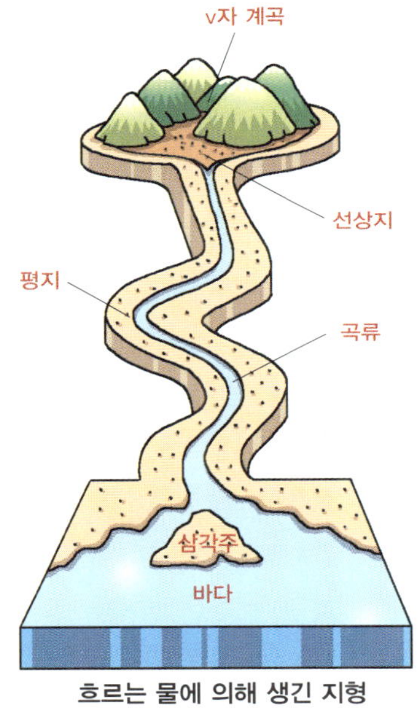

흐르는 물에 의해 생긴 지형

삼각주가 뭐예요?

강물 즉 흐르는 물은 바다로 흘러가는 강의 하구에서 물줄기가 갈라지면서 속력이 느려져. 그러면 더는 물질을 운반하지 못해 이것이 넓게 쌓이게 돼. 이때 삼각형 모양으로 쌓이는데, 이런 지형을 '삼각주'라고 한단다.

왜 삼각주에 논밭이 생길까요?

하류 쪽으로 올수록 운반이 잘되는 가볍고 작은 알갱이들이 쌓이게 돼. 또한 상류에 비해 하류의 경사도가 낮아 침식 작용보다는 퇴적 작용이 활발하게 일어나지. 그래서 강의 하류에 생성되는 삼각주에는 알갱이가 작고 고운 퇴적물이 쌓인단다.

그리고 강이 상류에서 하류까지 흘러오는 동안 여러 종류의 유기물이 물에 녹아 삼각주 퇴적물에는 유기물이 풍부해. 이 유기물은 비료와 같은 역할을 해 농작물을 잘 자라게 해. 그래서 농부들이 삼각주에 농사를 많이 짓는 거야.

삼각주와 선상지는 다른 건가요?

퇴적 지형에는 삼각주와 '선상지'가 있는데, 이 둘은 모양이 비슷해 보이지만 다르단다. 우선 모양이 달라. 삼각주는 삼각형 모양이고, 선상지는 부채꼴 모양이지. 또한 삼각주는 강의 하구에서 생성되는 반면, 선상지는 산지와 평

선상지의 구조

지가 이어지는 경계에서 생성되기 때문에 퇴적물의 종류도 달라. 삼각주는 고운 흙이 퇴적물로 쌓이지만 선상지는 자갈, 모래, 진흙 등이 퇴적물로 쌓인단다.

교과서 속의 삼각주

강물이 바다로 흘러드는 강의 하구에서는 물줄기가 흩어지면서 강물의 흐름이 느려진다. 그 결과 운반되어 오던 물질이 넓게 퇴적되어 삼각주가 생긴다. 철새 도래지로 유명한 낙동강 하구의 을숙도나 이집트 나일 강 하구는 대표적인 삼각주 지형이다.

이집트 문명이 발달한 이유가 뭘까요?

이집트 문명은 인류의 4대 문명 중 하나란다. 그런데 왜 이집트 문명이 발달했을까? 이집트는 알고 있듯이 사막의 나라야. 나일 강은 그 사막을 관통해 북으로 흐르고 있어. 나일 강은 지중해로 들어가기 전 여러 가닥으로 갈라지며 드넓은 삼각주를 형성해. 그곳에 이집트가 있단다.

나일 강은 아프리카의 빅토리아 호에서 시작하여 아프리카 정글을

나일 강 하류에 형성된 삼각주

지나게 되는데, 이때 정글의 풍부한 유기질 토양을 운반하여 삼각주에 퇴적시키지. 그 덕분에 무엇을 심어도 풍성한 수확을 약속하는 기름진 대평원이 형성되었단다. 바로 이 기름진 땅에서 찬란한 고대 이집트 문명이 탄생한 거야. 문명은 풍요로움에서 싹트고 자라는 거란다. 가난에 찌든 궁핍한 곳에서는 문명이 자랄 수가 없지. 이집트는 나일 강이 선사해 주는 풍요로움을 바탕으로 문명을 탄생시켰고, 나일 강의 삼각주는 이집트인들의 삶의 터전이 되었단다.

정리해 볼까요?

1. **삼각주**는 퇴적물이 삼각형 모양으로 쌓여 형성된 지형이다.
2. 삼각주는 강이 바다로 들어가는 하구에서 형성된다.
3. 삼각주는 농사가 잘되는 비옥한 땅으로, 문명이 발달하기에 좋은 조건을 갖췄다.

빗물이 석회암을 만나 석회 동굴

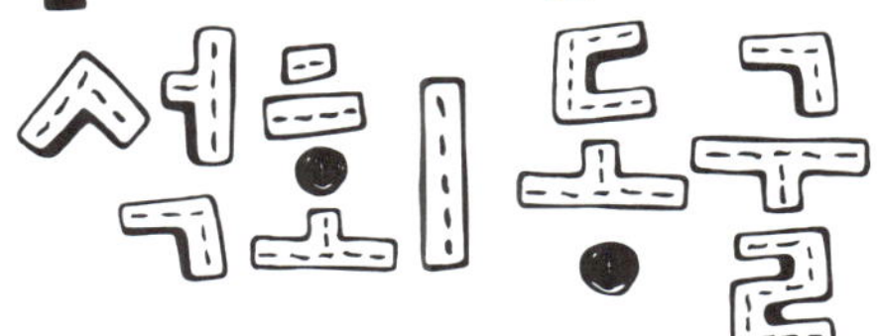

가능성 ★★★★
기여도 ★★★★
난이도 ★★★★★
선호도 ★★★★

석회 동굴은 지하수가 석회암 지대를 녹여서 만든 동굴이다.

호기심을 따라가면 개념이 보여요

얼마 전 산에 다녀왔는데, 계곡물이 약간 뿌옇더라고. 오염돼서 그런 건가?

→

아니. 물에 석회질이 녹아 석회수가 되었기 때문이야. 그래서 뿌연 거야.

→

우리나라 땅속에는 석회암이 많거든. 동굴이 많은 것도 이 때문이지. 지하수가 석회암 지대를 녹여서 만든 것이 **석회 동굴**이야.

석회 동굴은 어떻게 만들어질까요?

'석회 동굴'은 지하수가 석회암을 녹이면서 만들어진 동굴이야. 산성을 띤 빗물과 지하수는 석회암 층 사이를 흐르면서 석회암을 녹여. 이 활동이 수만 년 동안 이루어지면 아름다운 동굴이 만들어진단다.

석회 동굴 천장에 있는 고드름처럼 생긴 것은 뭐예요?

그것은 '종유석'이라고 해. 석회 동굴에는 다양한 모양의 종유석이

발달해. 종유석은 석회 동굴에서 가장 흔하게 볼 수 있는 '동굴 생성물'이야. 암석을 따라 땅속에 흘러들어 온 지하수가 동굴 천장에 매달려 생성돼. 지하수가 공급되는 방향이나 양 그

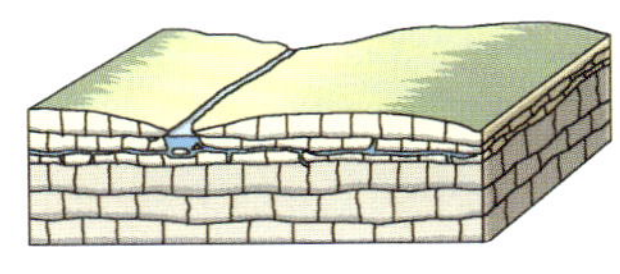

석회암 지대에 비가 내리면 석회암을 녹이며 동굴이 만들어지기 시작한다.

땅 위에서 스며드는 빗물과 땅속의 지하수가 만나면, 지하수가 흐르는 길을 따라 동굴의 크기가 커진다.

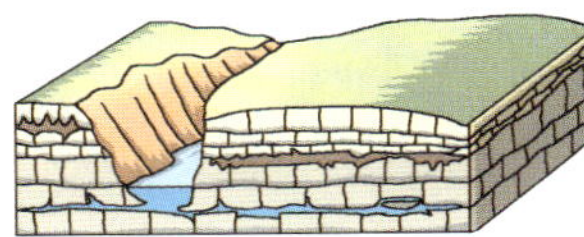

계곡이 깊어지면서 지하수의 높이가 낮아지면 땅 아래 깊은 곳에 여러 층의 복잡한 동굴들이 생긴다.

석회 동굴의 형성 과정

리고 동굴 내부에서 부는 바람의 방향에 따라 그 모양이 매우 다양해. 또한 비가 많이 오는 여름철에 가장 성장 속도가 빠르단다.

석회 동굴 바닥에 울퉁불퉁하게 솟은 건 뭐예요?

'석순'이야. 동굴 생성물에는 종유석 말고도 '석순', 기둥 모양의 '석주'가 있어. 그중 석순은 천장에 매달려 있는 종유석으로부터 떨어지는 물로 인해

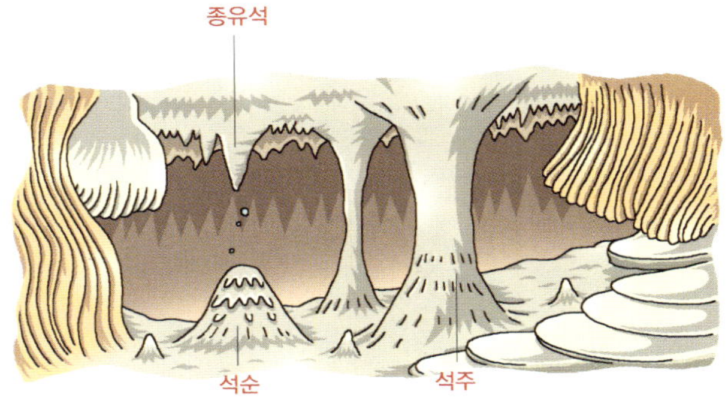

석회 동굴 안에서 볼 수 있는 여러 동굴 생성물

만들어져. 그리고 종유석의 물이 동굴 바닥에 부딪히거나 석순 표면을 따라 흘러내릴 때 물에서 이산화탄소가 빠져나가면서 석순이 조금씩 성장해.

지하수가 석회암 지대에 생긴 틈을 따라 오랫동안 흐르면 석회암이 녹아 내려 석회 동굴이 만들어진다. 우리나라의 강원도와 충청도 일대에는 석회 동굴이 잘 발달되어 있다.

석회 동굴이 예전에는 바다였다고요?

그렇단다. 우리나라 강원도와 충청도에는 석회 동굴이 아주 많아. 석회 동굴은 석회암으로 된 지층에서 형성된 동굴인 건 배워서 알 거야. 그런데 우리나라에 있는 석회암 층은 고생대 캄브리아기와 오르도비스기 사이(5억 7000만 년 전부터 4억 4000만 년 전)에 형성되었어. 이 시기에 강원도와 충청도 일부 지역이 적도 근처의 바다 밑에서 형성된 땅임을 알 수 있단다. 어떻게 알 수 있냐고? 석회암은 따뜻한 바다에 사는 조개나 산호의 껍데기와 골격을 이루던 탄산칼슘이 퇴적되어 만들어지는 퇴적암이기 때문이지.

우리나라에서 가장 유명한 석회 동굴은 강원도 삼척시에 있는 환선굴과 영월군에 있는 고씨굴이야. 환선굴은 굴의 길이가 약 3.3km에 이르는데, 환선굴을 포함한 대이리 동굴 지대는 천연기념물 제178호로 지정되어 있어. 남한에서 가장 규모가 크고 복잡한 구조를 지닌 동굴이지. 그리고 고씨굴은 여러 가지 모양의 동굴 생성물로 유명하여 관광객들의 방문이 끊이지 않는단다.

환선굴

고씨굴

정리해 볼까요?

1. **석회 동굴**은 지하수가 석회암 지대를 녹여서 만든 동굴이다.
2. 석회 동굴에는 종유석, 석순, 석주 등이 생성되는데, 이것을 동굴 생성물이라고 한다.
3. 석회암 층은 오래전 조개나 산호 등이 많이 살았던 바다 밑에서 형성된 것으로 추정된다.

빙하의 선물 U자곡

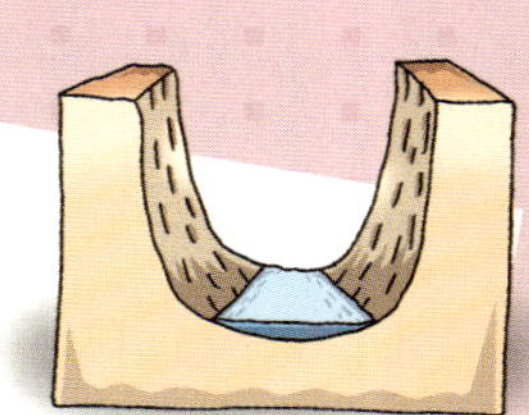

U자곡은 빙하가 계곡을 깎아서 만든 U자 모양으로 된 골짜기이다.

가능성 ★★★★
기여도 ★★★
난이도 ★★★
선호도 ★★★★

호기심을 따라가면 개념이 보여요

헉! 아무리 V라인, S라인 같은 말이 유행이어도, 골짜기에 U자곡, V자곡이 뭐야?

→

그게 아니야. 빙하냐 물이냐에 따라 생성된 골짜기 모양이 다르기 때문에 붙여진 이름이야.

→

우리나라는 주로 물에 의해 생긴 V자곡이 많지만, 극지방에 가면 빙하에 의해 생긴 **U자곡**이 많아!

빙하가 뭐예요?

알프스, 히말라야같이 높은 산악 지대나 극지방에 내리는 눈은 잘 녹지 않고 계속 쌓인단다. 그렇게 쌓인 눈은 점점 다져져서 얼음덩어리로 변해. 이 얼음덩어리가 무거워지면 낮은 곳으로 천천히 미끄러져 내려가는데, 이것을 '빙하'라고 해.

U자곡은 어떻게 만들어지나요?

빙하는 움직임이 느려서 밑 부분보다 옆 부분을 깎는 힘이 더 세단다. 그래서 움직일 때 골짜기의 벽과 바닥의 암석을 깎게 돼. 이때 깎인 물질이 빙하와 함께 흘러내려 가면서 벽이나 바닥을 또 한 번 깎으면서 침식 작용이 활발하게 일어나지. 그 결과 삼각뿔 모양의 뾰족한 산봉우리인 '혼'이나 바닥이 편평한 U자 모양

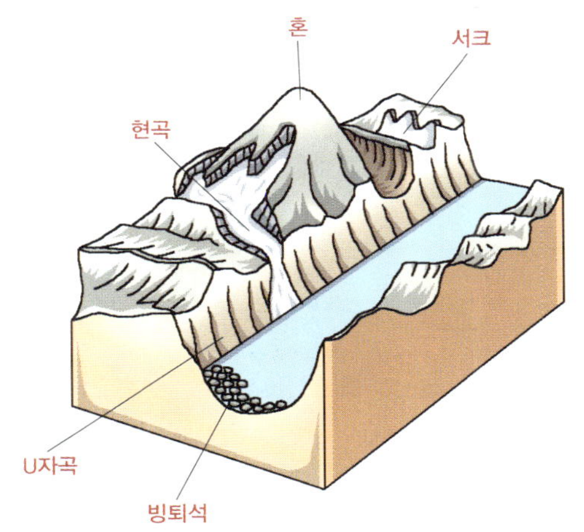

빙하의 작용에 의한 지형

의 골짜기인 'U자곡'이 만들어지는 거야.

V 자곡은 어떻게 만들어지나요?

'V자곡'은 강물이 흘러내리면서 생긴 골짜기야. 하천 상류 골짜기에서 흐르는 물은 빠르고 낙차가 심해 바닥을 깎으며 내려가는 힘이 강하단다. 옆보다 아래로 집중적으로 깎여 계곡의 옆면이 경사를 이루게 돼. 그래서 V자 모양의 계곡이 형성되는 거야.

U자곡을 흐르던 빙하가 녹으면 어떻게 되나요?

U자곡을 만들면서 천천히 흘러내리던 빙하가 녹으면 빙하에 의해 운반되어 온 자갈, 모래, 흙 등의 퇴적물이 쌓여서 모습을 드러내게 돼. 이런 것을 '빙퇴석'이라고 하지. 빙퇴석은 빙하의 이동 방향과 과거의 기후를 알 수 있는 중요한 자료가 된단다.

빙퇴석

교과서 속의 U자곡

빙하는 느리게 움직이면서 골짜기의 벽과 바닥의 암석을 깎는다. 이때 깎인 물질도 빙하와 함께 흘러내려 가면서 벽이나 바닥을 더욱 심하게 깎으므로 침식 작용이 활발하게 일어난다. 그 결과 삼각뿔 모양의 뾰족한 산봉우리인 혼이나 바닥이 편평한 U자 모양의 골짜기인 U자곡이 만들어진다.

사람들은 U자곡을 어떻게 이용할까요?

빙하가 흐르고 있는 U자곡은 사람들이 이용하기에는 어려운 지형이란다. 하지만 빙하기 때 형성되었던 U자곡이 녹으면 뱃길로 이용할 수 있어.

　　U자곡을 채우고 있던 빙하가 녹은 후 바닷물이 들어간 지형을 '피오르'라고 해. 피오르는 북유럽에서 많이 볼 수 있는데, 노르웨이에서 가장 발달되어 있단다. 노르웨이에는 세계에서 가장 긴 피

노르웨이에 있는 송네 피오르는 세계에서 가장 긴 뱃길이다.

오르인 '송네 피오르'가 있어. 노르만족인 바이킹이 세운 노르웨이는 수도가 오슬로인데 항구 도시로 유명해. 바이킹들은 피오르를 이용해 바다로 나가 약탈한 후, 재빠르게 육지로 도망쳤어. 피오르는 바다에서 육지 깊숙한 곳까지 이어져 있거든.

정리해 볼까요?

1. **U자곡**은 빙하가 계곡을 깎아서 만든 U자 모양으로 된 골짜기이다.
2. V자곡은 강물이 계곡을 깎아서 만든 V자 모양으로 된 골짜기이다.
3. 빙하가 녹으며 쌓인 빙하 퇴적물을 빙퇴석이라고 한다.
4. U자곡을 채우고 있던 빙하가 녹고 바닷물이 들어오면 뱃길로 이용할 수 있다.

사라락! 모래 언덕 사구

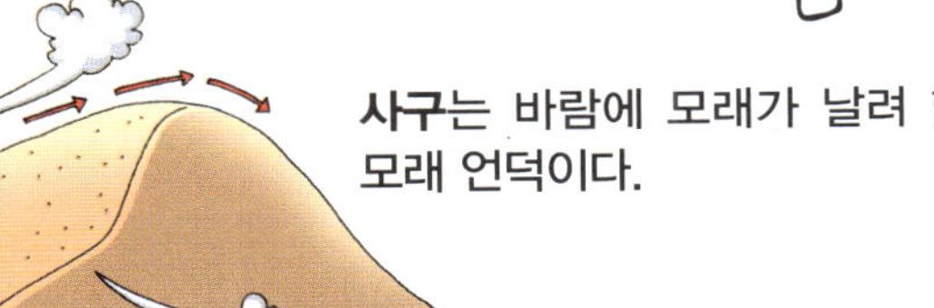

사구는 바람에 모래가 날려 형성된 모래 언덕이다.

호기심을 따라가면 개념이 보여요

사막이나 해안 지역에서는 유난히 모래바람이 심하다고 해. 왜 그럴까?

바람은 어느 곳에서나 불어. 하지만 사막이나 해안에서는 바람을 막을 식물이 많지 않아 모래가 더 많이 날리는 거야.

이러한 모래바람 때문에 여러 가지 지형이 생기는데, 언덕 모양을 한 **사구**가 대표적이야.

사구가 뭐예요?

모래가 많은 해안이나 사막에서 바람이 불면 바람을 막아 줄 식물이 많지 않기 때문에 모래나 자갈까지 날아온단다. 바람에 의해 운반되던 모래는 바람이 약해지거나 장애물을 만나면 더는 이동하지 못하고 쌓여 모래 언덕을 만들어. 이것을 '사구'라고 해.

왜 사구는 앞쪽과 뒤쪽 모양이 다를까요?

사구는 바람을 받는 쪽 즉 모래가 운반되어 쌓이는 A면은 경사가 완만하단다. 반면에 B면은 경사가 급하지. 하지만 바람의 방향이 반대가 된다면 B면의 경사가 완만해지고, A면의 경사가 급해질 거야. 그래서 사구 앞뒤 모양이 다르단다. 또한 사구는 제자리에 고정되어 있는

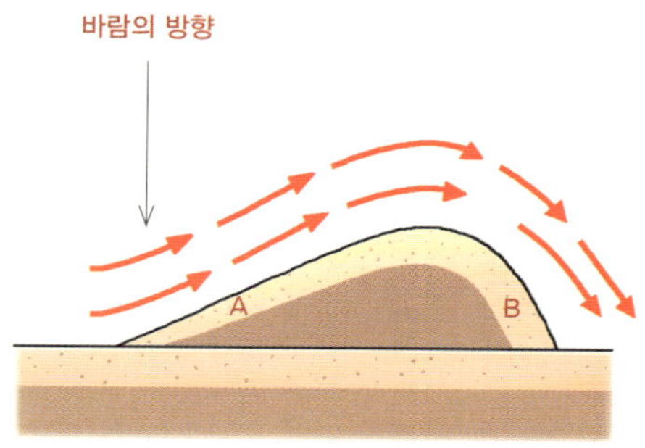

사구의 앞뒤 모양의 차이점

바르한의 앞뒤 모양의 차이점

게 아니라 바람의 이동 방향으로 조
금씩 이동해 가고 크기도 커져.

바르한

바르한이 뭐예요?

'바르한'은 사막에서 발달하는 사
구로, 위에서 내려다보면 초승달 모양으로 생겼어. 어떤 바르한은 높
이가 27m 이상인 것도 있는데, 길이와 폭이 같고 높이가 길이의 약
1/10일 때 가장 안정된 상태를 유지한다고 해. 사하라 사막이나 터키
스탄의 사막에 많이 분포해.

이 밖에도 사막에는 바람에 날아온 자갈에 밑동이 깎여 버섯 모양
이 된 '버섯 바위'와 모래바람에 깎여 세 개의 모서리가 발달한 자갈인
'삼릉석'이 있단다.

우리나라에서도 사구를 볼 수 있나요?

물론이지. 서해안에 가면 사구를 볼 수 있단다. 이렇
게 해안가에 있는 것을 사막의 사구와 구별해서 '해안
사구'라고 해. 우리나라에서는 매우 드문 현상이야. 그래서 충청남도
태안군 신두리 해안에 있는 사구는 천연기념물 제431호로 지정되어
보호받고 있단다.

해안 사구는 해류나 바다로 흘러들어 오는 하천과 함께 운반된 모
래가 파도나 바람에 의해 해안으로 밀려와 쌓인 언덕이란다. 높이는

수 미터 정도로 낮고 풀에 뒤덮여 있어 사막의 사구와는 구별되지.

우리나라 서해안은 북서 방향으로 위치하고 있기 때문에 겨울철 북서 계절풍의 영향을

해안 사구가 발달된 충남 태안군 신두리 해안

강하게 받는데다, 강과 하천이 운반해 오는 모래의 양도 충분해. 또한 썰물과 밀물의 차이가 심해 넓은 갯벌이 발달해 있고, 바람과 파도가 모래를 육지 쪽으로 이동시켜 사구가 형성되기에 좋은 조건을 가졌지. 그중에서도 서해안의 신두리 해안이 가장 좋은 조건을 가지고 있기 때문에 사구가 발달한 거야.

해안 사구는 생태계를 지키는 아주 중요한 일을 한단다. 태풍과 같은 강한 바람이나 큰 파도가 밀려올 때 해안의 모래를 지키는 모래 저장고 역할을 해. 또한 해당화나 갯메꽃과 같은 해안 식물, 개미귀신이나 꼬마물떼새와 같은 곤충, 동물의 보금자리가 되기도 해. 그리고 지하수 저장고 역할도 하지. 사구를 통해 흘러들어 간 민물이 지하수위를 높여 바닷물이 육지로 들어와 육지의 지하수가 염분에 오염되는 것을 막아 주거든. 이밖에도 해안 사구는 육지와 바다의 완충 지대로

해안 쪽에서 불어오는 바람으로부터 농토를 보호하고 바닷물의 유입을 자연스럽게 막아 준단다.

1. **사구**는 바람에 모래가 날려 형성된 모래 언덕이다.
2. 사구는 바람이 많고 모래가 풍부한 사막이나 해안 지방에서 잘 형성된다.
3. 사구는 바람을 맞는 쪽은 경사가 완만하고, 반대쪽은 경사가 급하다.
4. 사구는 바람을 따라 이동하는데, 위에서 볼 때 초승달 모양을 한 것을 바르한이라 한다.

파도가 때려! 파식 대지

파식 대지는 파도의 침식 작용에 의해 형성된 평탄한 땅이다.

가능성 ★★★★★
기여도 ★★★★★
난이도 ★★★★★
선호도 ★★★★★

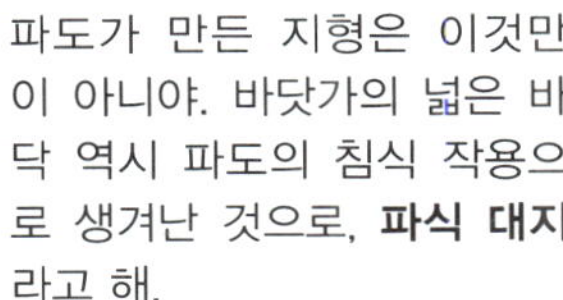

호기심을 따라가면 개념이 보여요

우와! 바다다. 절벽도 엄청 크고 넓어. 도대체 누가 어떻게 만들었을까?

→

이런 절벽을 해식 절벽이라고 해. 둥그런 언덕이 파도에 깎여 만들어진 거야.

→

파도가 만든 지형은 이것만이 아니야. 바닷가의 넓은 바닥 역시 파도의 침식 작용으로 생겨난 것으로, **파식 대지**라고 해.

해식 절벽과 파식 대지. 중간에 움푹 들어간 곳은 해식 동굴이다.

파식은 무슨 뜻이에요?

'파식'은 파도의 침식을 줄인 말이야. 다른 말로는 해식이라고도 해. 바닷가에서는 파도에 의한 침식 작용이 활발하게 일어나 여러 종류의 지형이 만들어지는데, 파식 대지, 해식 절벽, 해식 동굴이 대표적인 예란다.

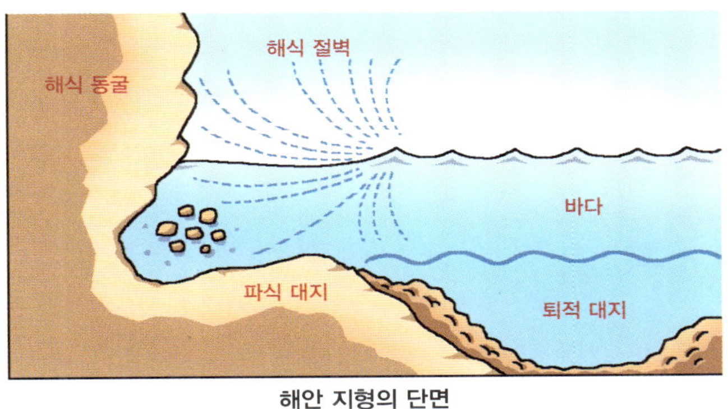

해안 지형의 단면

파식 대지는 어떻게 만들어지나요?

바다 쪽으로 돌출한 육지에서는 파도에 의한 침식 작용이 활발하게 일어난단다. 이로 인해 육지의 일부가 부서져 떨어져 나가게 되지. 이런 작용이 오랜 세월 반복되면 평평하게 깎여 해식 절벽이 발달하게 되고, 그 밑에는 평탄한 파식 대지가 만들어진단다. 또한 파식 대지에서 깎인 물질이 쌓여 파식 대지 밑에는 퇴적 대지가 생성돼.

파식 대지는 원래 바다에 있었나요?

그렇단다. 원래 바다 밑에 있는 지형이었어. 그런데 어떻게 밖으로 드러난 것일까? 그것은 육지가 위아래로 움직이기 때문이야. 육지가 지각 변동에 의해서 위로 솟거나 내려가는 것을 '조륙 운동'이라고 하는데, 조륙 운동에 의해 육지가 위로 올라오면서 드러나게 된 거야.

떨어져 나온 암석 조각들은 파도를 따라 움직이며 바닥을 깎는데, 이렇게 해서 파식 대지가 만들어진다. 파식 대지 바깥쪽에는 깎여 나온 침식물들이 쌓여 퇴적 대지를 만든다.

우리나라에서 파식 대지가 가장 잘 발달한 곳은 어디인가요?

우리나라에서 파식 대지가 가장 잘 발달한 곳은 아마 부산에 있는 태종대일 것 같구나. 태종대의 신선바위를 찾으면 파식 대지를 볼 수 있어. 해발 28m 높이의 신선바위는 너비가 약 30m에 이르는 커다란 두 개의 바위로 이루어진 것인데, 옛날 신선들이 놀았던 곳이라 하여 붙여진 이름이란다.

신선바위를 이루고 있는 퇴적 지층들은 오래전 해수면 근처에서 파도에 침식되어 형성된 파식 대지란다. 그것이 지금은 지반을 따라 높이 솟아 지금처럼 물 위로 드러나게 된 거야. 태종대의 파식 대지는

우리나라 땅이 과거에 지각 변동을 거치면서 솟아올랐다는 증거가 된
단다. 특히 태종대의 파식 대지가 계단 모양을 하고 있는 것은 중생대
백악기 때 호수 밑에서 형성된 퇴적 지층이 신생대의 마지막 간빙기
까지 총 다섯 번 융기했기 때문이야.

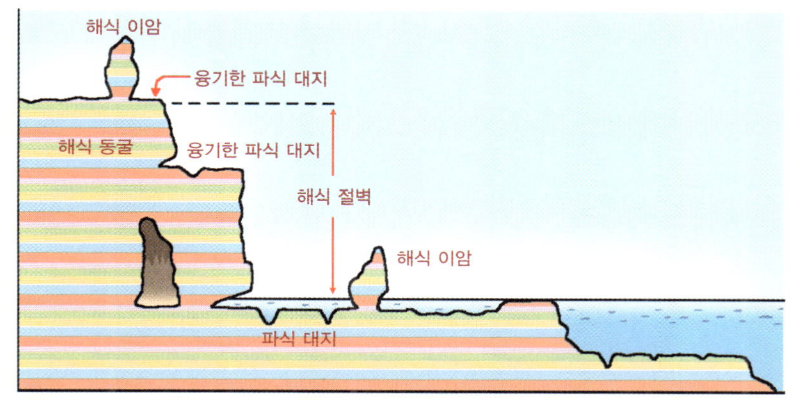

태종대의 단면도

정리해 볼까요?

1. **파식 대지**는 파도의 침식 작용에 의해 형성된 평탄한 땅이다.
2. 파식 대지 주위에는 해식 절벽과 해식 동굴이 있다.
3. 파식 대지는 땅이 솟는 조륙 운동으로 형성된 지형이다.

해수의 성분과 운동

지구 빼기 육지는? **바다**

짜고 쓴 바닷물의 범인 **염류와 염분**

바다의 물길 **해류**

바닷물의 흐름 **조류**

바닷물이 부리는 심술 **엘니뇨**

지구 빼기 육지는? 바다

바다는 지구에서 육지를 제외하고 물이 차 있는 부분으로 해양이라고도 한다.

가능성 ★★★
기여도 ★★★
난이도 ★★★
선호도 ★★★★

호기심을 따라가면 개념이 보여요
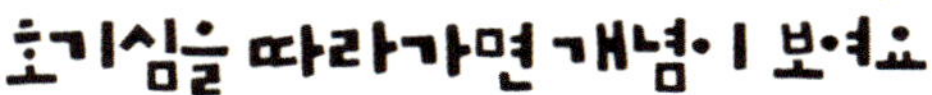

우와, 엄청 넓다. 도대체 **바다**의 크기는 얼마만 할까?

바다는 해양이라고도 하는데, 해(海)는 깊고 어두운 바다 밑을, 양(洋)은 넓고 길게 이어진 모양을 뜻해. 그만큼 크고 깊다는 거지.

수치상으로도 바다는 지구 표면의 약 3/4를 차지할 만큼 넓다고 해. 육지보다 훨씬 크지.

지구를 왜 물의 행성이라고 부르나요?

우주에 존재하는 행성 중에서 지구처럼 물을 많이 가진 행성은 드물어. 그래서 지구를 물의 행성이라고 부른단다. 그런데 지구상에 있는 물은 대부분 바닷물이야. 지구의 물을 100이라고 하면 바닷물이 97을 차지하고 있지. 바다의 표면적(겉넓이)은 육지의 2.4배이고, 평균 깊이는 약 3,800m나 된단다. 높이가 2,744m인 백두산보다 무려 1,000m나 더 깊은 셈이지. 이렇게 바다가 넓고 깊다니 그 양이 엄청난 건 당연하겠지? 바닷물의 양은 육지 물의 총량에 약 35배나 된다고 하는구나.

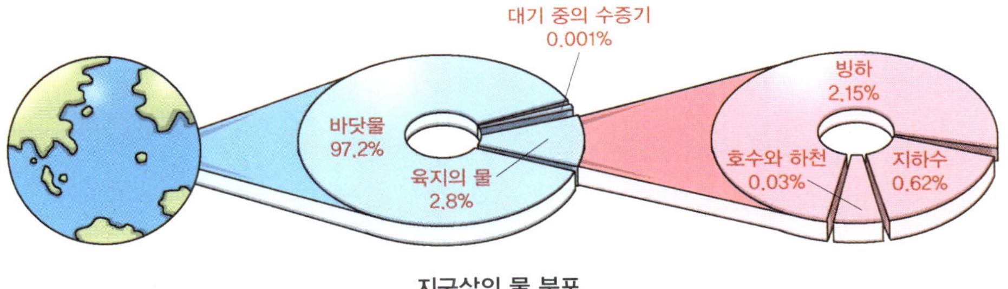

지구상의 물 분포

바다에도 종류가 있다면서요?

지구에는 바다라고 불리는 곳이 약 70군데가 있어. 우리는 이것들

을 대개 바다라고 부르지만, 위치, 크기, 모양에 따라 '대양', '해', '지중해'라고 구분해 부른단다. 태평양처럼 대양은 매우 넓고 큰 바다를 말하고, 동해처럼 해는 규모가 작은 바다를 뜻해. 북극해처럼 두 개 이상의 대륙으로 둘러싸여 있거나 대륙 사이에 있는 바다를 지중해라고 하지.

교과서 속의 바다 지구의 물은 지구 표면적의 약 71%를 차지하는 바다에 대부분 존재하고, 그 나머지는 빙하나 강물 또는 지하수나 호수 등의 형태로 육지에 존재한다.

왜 나라들끼리 더 넓은 바다를
차지하기 위해 싸우는 걸까요?

바다는 평균 수심이 3,800m에 이르기 때문에 오랜
세월 비밀에 싸여 있었단다. 그런데 제2차 세계대전이라
는 큰 전쟁으로 사람들에게 알려졌지. 당시 잠수함을 개발하여 전쟁
을 치렀는데, 바닷속 길을 찾는 가운데 바다 밑 지형을 알게 된 거야.
참혹한 전쟁으로 바다의 베일을 벗길 수 있었다니, 참 아이러니하지?

아래 그림은 여러 가지 관측기구로 알아낸 바다 밑 지형을 간단히
나타낸 거란다. 대표적인 지형으로 대륙붕, 대륙 사면, 해구, 해산, 기
요, 해령(해저 산맥), 심해저 평원, 대륙대 등이 있어.

가장 주의 깊게 봐야 하는 건 대륙붕이야. 대륙붕은 해변으로부터

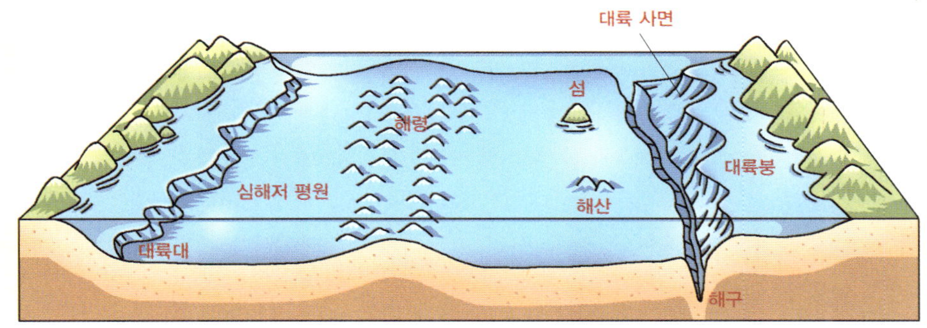

바다 밑 지형

깊이 200m까지의 완만한 경사의 해저 지형으로, 다양한 생물이 살고 있단다. 너희들이 먹는 신선한 해산물들은 전부 이곳에서 잡히는 거란다. 이뿐만 아니라 석유나 천연가스 등이 매장되어 있는 자원의 저장고이기도 해. 즉 바다를 더 많이 차지할수록 자원이 풍부한 대륙붕을 더 많이 확보하게 되겠지? 그래서 많은 나라들이 보다 넓은 바다 면적을 차지하기 위해 싸우고 있단다.

정리해 볼까요?

1. **바다**는 지구에서 육지를 제외하고 물이 차 있는 부분으로 해양이라고도 한다.
2. 바다는 지구 표면적의 3/4을 차지할 만큼 육지보다 훨씬 넓다.
3. 지구의 물을 100%라고 하면, 이중 바닷물이 97%를 차지한다.
4. 바다 밑 지형으로 대륙붕, 대륙사면, 해구, 해산, 해령(해저 산맥), 심해저 평원, 대륙대 등이 있다.

짜고 쓴 바닷물의 범인 염류와 염분

호기심을 따라가면 개념이 보여요

식수가 부족하다고 하잖아. 바닷물이 이렇게 많은데 왜 식수가 부족하지?

바닷물은 먹으면 오히려 갈증만 심해져서 마시면 안 돼.

그것은 바닷물에 녹아 있는 **염류**라는 물질 때문이야. 바닷물이 짜고 쓴 이유이기도 해.

염류가 뭐예요?

바닷물에는 염화나트륨, 염화마그네슘, 황산마그네슘, 황산칼슘과 같은 여러 가지 물질이 녹아 있어. 이것들을 '염류'라고 하는데, 바닷물의 짠맛을 내는 염화나트륨이 가장 많이 들어 있단다.

염분이 뭐예요?

'염분'은 바닷물 1,000g 속에 녹아 있는 염류의 총량을 g 단위로 나타낸 거란다. 단위는 ‰을 쓰고 '퍼밀'이라고 읽어. 지역에 따라 바닷

물의 염분이 달라지지만 평균적으로 약 35‰이야. 즉 바닷물 1,000g 속에는 평균적으로 염류가 35g 녹아 있단다.

염분은 바다에 따라 다른가요?

태평양과 대서양, 인도양 등 대부분의 바다는 염분이 33~37‰이야. 그런데 강수량, 증발량, 강물의 유입량 등에 따라 조금씩 달라진단다. 강수량이 많고 증발량이 적은 적도 지방은 염분이 낮고, 강수량이 적고 증발량이 많은 중위도 지방은 염분이 높지. 우리나라도 비가 많이 오는 여름보다 겨울이, 하천수의 유입이 많은 서해보다 동해가 염분이 높단다.

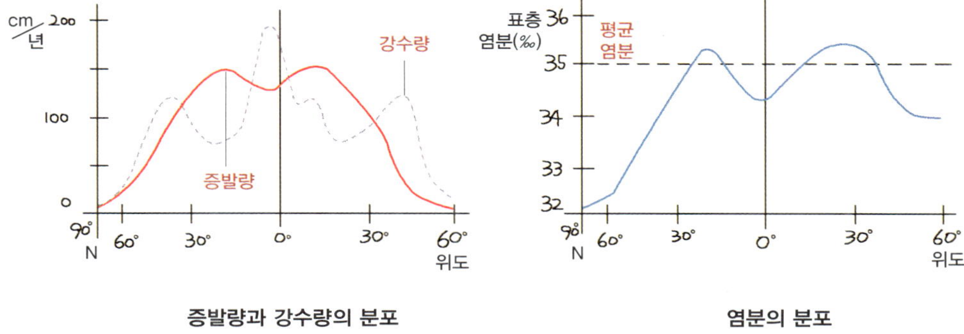

증발량과 강수량의 분포　　　　　염분의 분포

사해에서는 왜 사람이 둥둥 뜰까요?

염분이 높은 사해

사해는 지형적으로 이스라엘과 요르단에 걸쳐 있는데, 북으로부터 요르단 강물이 흘러들어 와. 그런데 들어오는 곳은 있어도 나가는 곳은 없단다. 또한 이 지방은 기후가 건조하여 강으로부터 들어오는 물의 양과 거의 같은 양의 물이 증발해. 따라서 염분 농도가 매우 높지. 사해 표면의 물의 염분은 약 200‰로 보통 바닷물의 약 5배 정도야. 깊은 곳의 염분은 약 300‰이라고 하는구나.

염분이 높아서 사해에는 생물이 거의 살지 못해. 그래서 이름도 '죽은 바다'라는 뜻의 사해(死海)란다.

116

염분이 높으면 바닷물의 밀도가 높아져. 사해 물의 밀도가 사람의 밀도보다 높아지지. 그래서 둥둥 떠 있을 수 있는 거란다.

1. **염류**는 바닷물에 녹아 있는 물질이고, **염분**은 염류가 녹아 있는 양이다.
2. 염분은 바닷물 1,000g 속에 녹아 있는 염류의 총량을 g 단위로 나타낸 것이며 단위는 ‰(퍼밀)을 사용한다.
3. 염분은 계절과 장소에 따라 다르게 나타나는데, 강수량과 증발량의 영향을 많이 받는다.

바다의 물길  해류

해류는 일정한 방향으로 흐르는 바닷물의 흐름이다.

가능성	★★★★★
기여도	★★★★★
난이도	★★★
선호도	★★★★★

호기심을 따라가면 개념이 보여요

바닷길이라는 말이 있잖아. 진짜 바다에 길이 있을까?

→

편지가 담긴 병을 바다에 띄우면 전혀 다른 장소에 사는 사람이 발견하곤 하잖아.

→

그건 바다에 방향이 있어서 그래. 이러한 바닷물의 흐름을 **해류**라고 해.

해류가 뭐예요?

일정한 방향으로 흐르는 바닷물의 흐름을 말해. 육지에도 길이 있잖아. 바다에도 바닷물이 흐르는 길이 있어. 그것을 '해류'라고 한단다.

해류는 어떤 일을 하나요?

해류의 종류는 다양하지만 가장 대표적인 것은 남쪽의 따뜻한 해류인 '난류'와 북쪽의 차가운 해류인 '한류'야. 이러한 해류 덕분에 바닷물이 지구 전체를 돌아다닐 수 있는 거란다. 또한 극지방이 너무 춥지 않고, 열대 지방이 너무 덥지 않은 것도 해류 덕분이지. 추운 극지방의 바닷물이 열대 지방으로, 따뜻한 열대 지방의 바닷물이 극지방으로 이동하면서 열을 주고받거든. 바닷물이 이렇게 이동하지 않으면 너무 덥거나 추워서 사람이 살 수 없을 거야.

강물이 흐르듯이 일정한 방향으로 흐르는 규모가 큰 바닷물의 흐름을 해류라고 한다.

해류가 없다면 지구는 어떻게 될까요?

해류는 앞서 설명한 것처럼 기후에 영향을 미친단다. 일본 남부 지역은 수온이 높은 쿠로시오 난류가 흘러 기후가 따뜻해. 그리고 우리나라보다 북쪽에 위치한 영국이나 북유럽 등의 나라들은 겨울이 따뜻한데, 난류인 북대서양 해류의 영향을 받

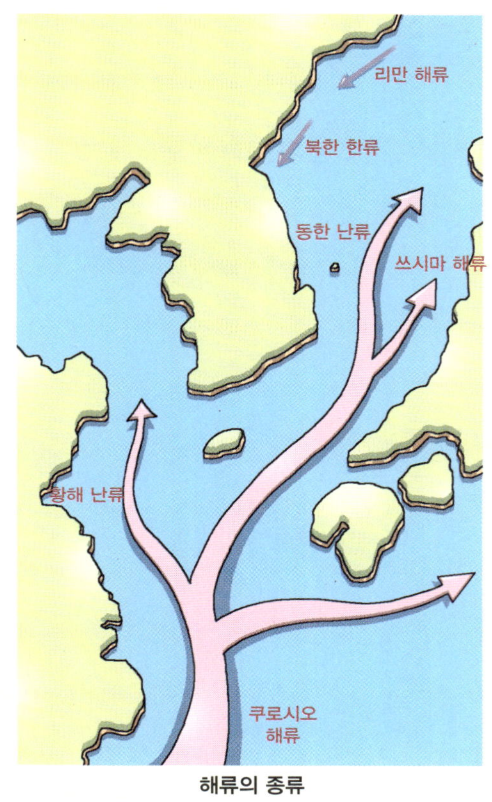

해류의 종류

기 때문이야. 우리나라 역시 난류의 영향으로 동해가 서해보다 기온이 높단다.

또한 해류는 어업에도 영향을 준단다. 동한 난류와 북한 한류가 만나는 동해 원산만과 강릉 사이의 바다를 '조경 수역' 이라고 해. 이곳은 영양 염류가 풍부하여 이를 먹이로 하는 플랑크톤이 풍부하단다. 그래서 다양하고 많은 양의 어류가 서식해. 조경 수역의 위치는 두 해류의 세력에 따라 조금씩 변하는데, 여름철에는 조금 더 북쪽으로 올라가고, 겨울에는 조금 더 남쪽으로 내려와.

이처럼 해류는 사람들에게 좋은 환경을 조성해 주고 많은 식량을 제공해 주고 있단다.

1. **해류**는 일정한 방향으로 흐르는 바닷물의 흐름이다.
2. 해류에는 따뜻한 곳에서 오는 난류와 추운 곳에서 오는 한류가 있는데, 이들은
   날씨에 영향을 준다.

바닷물의 흐름
조류 

조류는 일정한 시간 간격으로 들어왔다 나갔다 하는 바닷물의 흐름이다.

가능성 ★ ★ ★
기여도 ★ ★ ★
난이도 ★ ★ ★ ★ ★
선호도 ★ ★ ★ ★

호기심을 따라가면 개념이 보여요

어? 낮에는 바닷물이 없었는데, 저녁이 되니깐 바닷물이 생겼네. 누가 요술을 부린 거지?

→

요술이 아니라 파도가 왔다 갔다 하는 것처럼, 바닷물도 일정한 간격으로 들어왔다 나갔다 해.

→

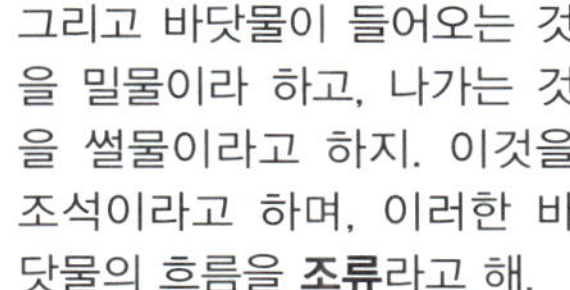

그리고 바닷물이 들어오는 것을 밀물이라 하고, 나가는 것을 썰물이라고 하지. 이것을 조석이라고 하며, 이러한 바닷물의 흐름을 **조류**라고 해.

조류가 뭐예요?

바닷물은 규칙적으로 밀려왔다 빠져나가. 그리고 밀려올 때를 '밀물'이라 하고, 빠져나갈 때를 '썰물'이라고 해. 이와 같이 해수면이 규칙적으로 높아졌다 낮아졌다 하는 현상이 일어나는데, 이것을 '조석'이라고 한단다. 이때 생기는 바닷물의 흐름을 '조류'라고 해.

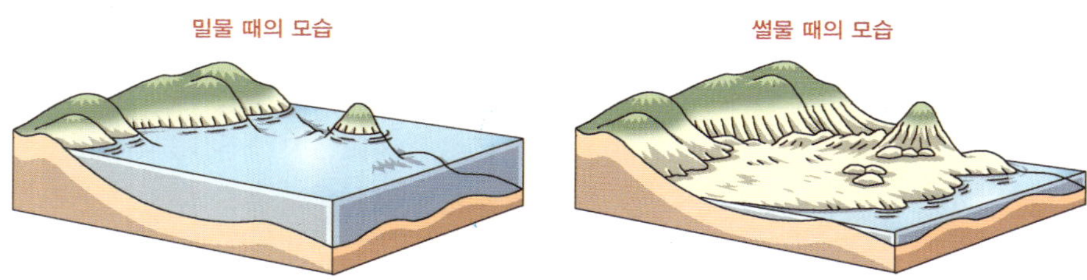

밀물과 썰물 때 생긴 해수면의 차이

조석 현상은 왜 생길까요?

밀물과 썰물은 달과 태양이 지구를 끌어당기기(인력) 때문에 일어나. 하지만 태양보다 지구와 가까이 있는 달의 영향을 더 많이 받는단다. 하루 중 해수면이 가장 높을 때인 '만조'와 하루 중 해수면이 가장 낮

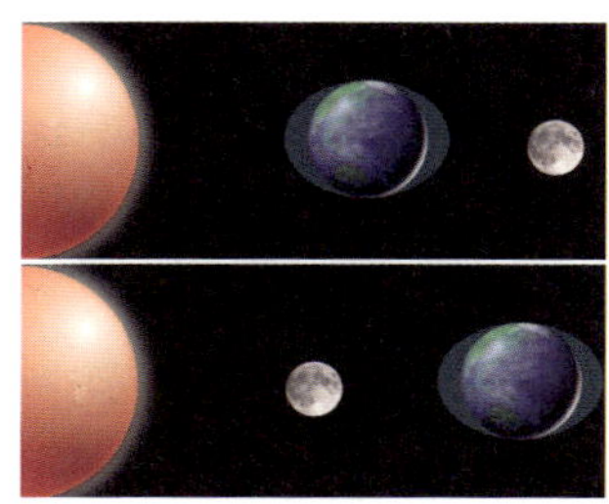

조차가 가장 심한 사리 때의 지구와 태양과 달의 위치

을 때인 '간조'도 지구, 달, 태양의 위치에 따라 정해진단다.

사리, 조금이 뭐예요?

밀물과 썰물 때문에 생긴 해수면의 높이 차를 '조차'라고 해. 그리고 조차가 가장 클 때를 '사리'라고 하고, 가장 작을 때를 '조금'이라고 한단다.

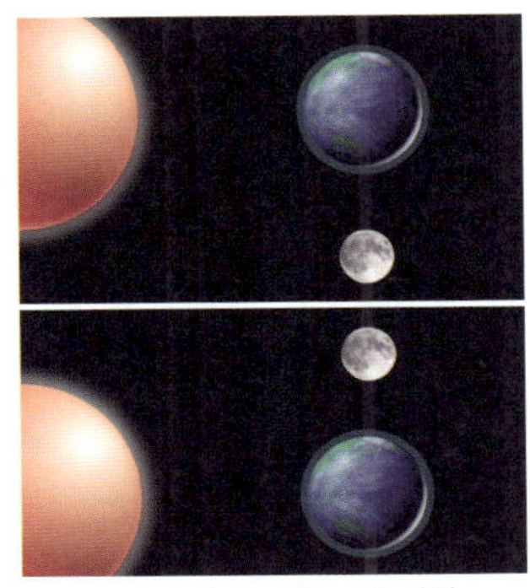

조차가 가장 적은 조금 때의
지구와 태양과 달의 위치

바닷가에 사는 사람은 바람이 없는 날에도 바닷물이 해안으로 밀려왔다가 빠져나가는 밀물과 썰물을 볼 수 있다. 이와 같이 해수면이 규칙적으로 높아졌다 낮아졌다 하는 현상을 조석이라 하고, 이때 생기는 바닷물의 흐름을 조류라고 한다.

개펄은 누가 만들었나요?

우리나라 개펄은 유럽 북해 연안, 미국 동부 해안, 캐나다 동부 해안, 아마존 강 유역의 개펄과 함께 세계 5대 개펄에 포함될 정도로 큰 규모를 자랑한단다. 이러한 개펄은 누가 만들었을까? 그것은 바로 달과 태양이야. 지구 표면을 덮고 있는 바닷물은 단단한 지각보다 훨씬 유동적이기 때문에 달과 태양의 인력에 쉽게 끌려가거든. 이로 인해 달의 인력에 따라 들어왔다 나갔다 하면서 바닷물이 바위와 모래를 침식시켜 넓은 개펄을 만들었어.

그런데 최근 개펄이 많이 사라지고 있다고 하는구나. 개펄은 육지와 바다라는 두 세계가 접하는 곳으로, 해양 생태계에서 아주 중요한 역할을 해. 민물과 짠물이 교차되는 지점으로 어류들의 중요한 산란 장이 되기 때문이야. 따라서 개펄이 없어지면 해양 생태계의 먹이 사슬이 끊어져 어자원이 줄어들게 돼.

이뿐만 아니라 오염 물질을 분해하는 다양한 미생물이 살고 있는 개펄은 지구 최대의 오염 물질 처리장이라고 할 수 있어. 아마존 밀림이 지구의 허파라면, 개펄은 지구의 간과 같은 곳이지. 특히 우리나라 개펄은 정화 기능이 탁월하다고 하는구나. 그래서 개펄을 막아 간척지를 넓히는 일은 환경을 파괴하는 짓이라고 할 수 있어.

정리해 볼까요?

1. **조류**는 일정한 시간 간격으로 들어왔다 나갔다 하는 바닷물의 흐름이다.
2. 바닷물이 밀려올 때를 밀물이라 하고 빠져나갈 때를 썰물이라 하는데, 이런 현상을 조석이라 한다.
3. 조석 현상이 일어나는 이유는 태양과 달이 지구를 잡아당기기 때문이다.
4. 밀물과 썰물 때문에 생긴 해수면의 높이 차를 조차라 하고, 조차가 가장 클 때를 사리, 가장 작을 때를 조금이라고 한다.

바닷물이 부리는 심술 엘니뇨

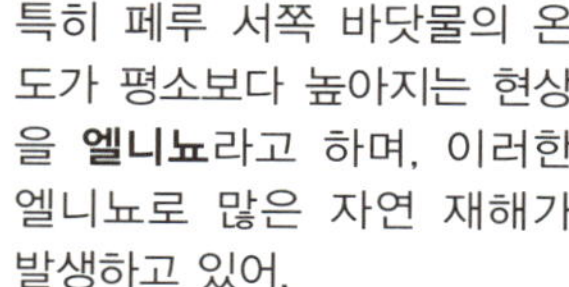

엘니뇨는 남아메리카 서해안의 수온이 비정상적으로 높아지는 현상이다.

가능성 ★★
기여도 ★★★
난이도 ★★★★
선호도 ★★★

호기심을 따라가면 개념이 보여요

최근 들어 세계 곳곳에서 가뭄이나 홍수 같은 이상 기후가 자주 발생하는데, 왜 그럴까?

→

바닷물의 온도가 변하기 때문이야. 지구상에서 일어나는 모든 현상은 서로 깊은 관련이 있거든.

→

특히 페루 서쪽 바닷물의 온도가 평소보다 높아지는 현상을 **엘니뇨**라고 하며, 이러한 엘니뇨로 많은 자연 재해가 발생하고 있어.

엘니뇨가 뭐예요?

‘엘니뇨’는 스페인어로 ‘남자아이’ 혹은 ‘아기 예수’라는 뜻이야. 크리스마스 전후로 발생하기 때문에 붙여진 이름이지. 엘니뇨는 남아메리카 페루 근처 바닷물의 온도가 주변 지역보다 약 2~10℃ 높아지는 자연현상이란다. 주로 9월에서 이듬해 3월 사이에 자주 발생하지.

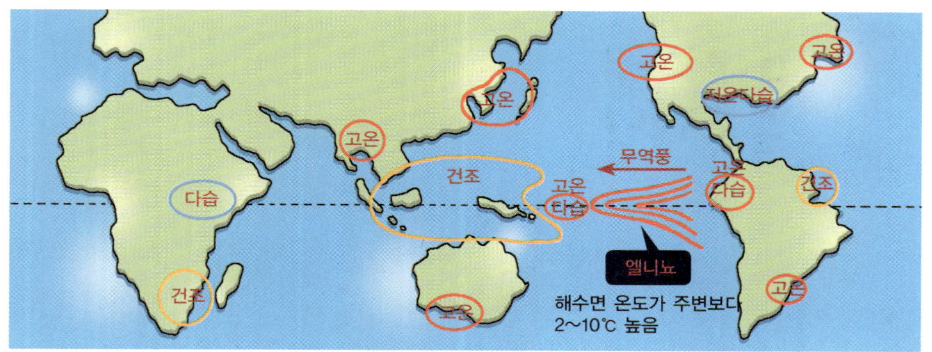

엘니뇨 발생 후에는 전 세계적으로 고온 · 건조 현상이 심해 가뭄 피해가 크다.

엘니뇨는 왜 일어날까요?

엘니뇨는 무역풍이라는 바람과 관계가 깊단다. 무역풍은 동쪽에서 서쪽으로 부는 바람인데, 간혹 바람이 약해질 때가 있어. 이때 바닷물의 흐름에 이상이 생긴단다. 평소에는 페루 연안의 깊은 바다에서 찬 바닷물이 올라오는데, 무역풍이 약화되면 찬 바닷물 대신 따뜻한 서태평양의 바닷물이 동쪽으로 이동하여 페루 연안으로 흘러들어 와.

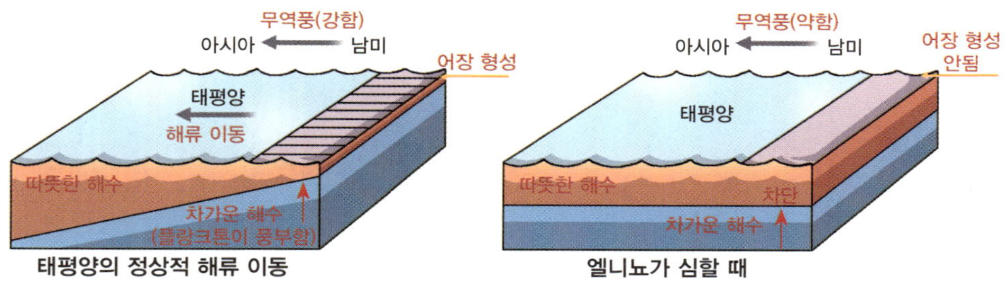

그러면 페루 연안의 바닷물이 평소보다 무려 5℃ 이상 높아지는데,
이때 엘니뇨 현상이 일어나는 거야.

라니냐는 뭐예요?

바닷물의 온도가 5개월 이상 평균 수온보다 0.5℃ 높을 때를 엘니
뇨라고 해. 이와 반대로 바닷물의 온도가 평균 수온보다 0.5℃ 낮을
때를 '라니냐'라고 한단다. 라니냐는 스페인어로 '여자아이'라는 뜻으
로, 엘니뇨와 반대되는 자연 현상이야.

교과서 속의 엘니뇨 엘니뇨 현상은 대개 크리스마스 전후로 발생한다. 이때에는 난류성 공기가 많이 잡히고, 때로는 비가 많이 와서 바나나, 코코아 등의 수확이 많아지는 등 보통 때는 있을 수 없는 일들이 자주 일어난다. 그리하여 신에게 감사하는 뜻에서 엘니뇨라는 이름이 붙여졌다고 한다.

엘니뇨가 우리나라에도 영향을 미치나요?

엘니뇨가 우리나라에 어떤 영향을 미치는지는 아직

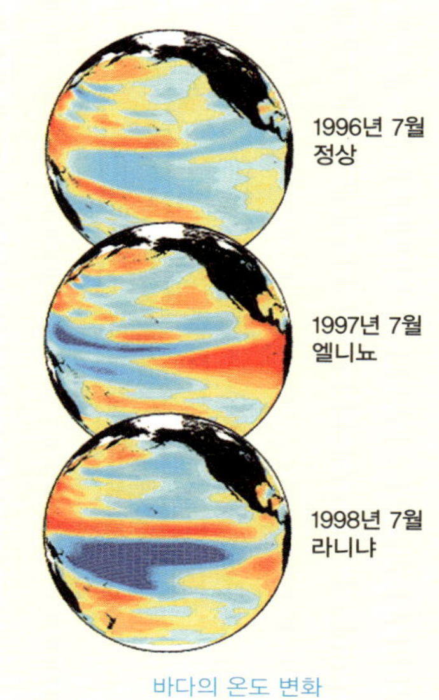

바다의 온도 변화

연구 중이란다. 지금까지 밝혀진 것에 의하면, 엘니뇨가 발생하면 우리나라 겨울 기온이 높아져 덜 춥고, 여름에는 비가 많이 내리게 돼. 겨울에 춥지 않은 이유는 엘니뇨가 남쪽 태평양 지역에 강한 고기압을 형성시켜, 북쪽에서 만들어진 차가운 공기 덩어리가 우리나라 쪽으로 오는 것을 막기 때문이야. 그 결과 우리나라 겨울이 평년보다 따뜻해지는 거란다. 여름에 덥지 않고 비가 많이 내리는 이유는 북태평양 기단과 오호츠크 해 기단 사이에 형성된 장마 전선이 우리나라에 오랫동안 머무르기 때문이야. 그 영향으로 비가 많이 내리고 날씨가 덥지 않지. 지난 1992년과 1993년에 엘니뇨 현상이 일어나 여름에 낮은 온도와 잦은 비로 일조량이 부족해 쌀 수확량이 많이 줄었다고 하는구나.

하지만 이것은 어디까지나 예상이지 정확한 것이 아니야. 과학자들은 좀 더 시간을 두고 연구하고 있단다.

1. **엘니뇨**는 남아메리카 서해안의 수온이 비정상적으로 높아지는 현상이다.

2. 엘니뇨가 일어나면 겨울은 따뜻하고, 여름은 덥지 않으며 비가 많이 내린다.

3. 엘니뇨와 반대되는 현상으로 라니냐가 있다.

지구와 태양계

태양의 차갑고 까만 점! 흑점

흑점은 태양의 표면에서 상대적으로 온도가 낮아 검게 보이는 지점이다.

가능성 ★★★
기여도 ★★
난이도 ★★★★
선호도 ★★★

호기심을 따라가면 개념이 보여요

앗! 태양은 너무 뜨거워. 태양은 열 덩어리니깐 온도가 모두 같겠지?

→

우리 몸도 손과 발이 다른 곳보다 차가울 때가 있잖아. 태양 표면의 온도도 조금씩 달라.

→

특히 주변보다 상대적으로 온도가 낮은 곳은 검게 보이는데, 이것을 **흑점**이라고 해.

흑점이 뭐예요?

태양 표면의 온도는 평균 6,000℃로 아주 뜨거워. 그런데 주변보다 온도가 낮아 검게 보이는 곳이 있어. 이 부분은 검은 점 같다고 해서 '흑점'이라고 부른단다.

붉게 달아오른 난로 뚜껑에 물을 몇 방울 떨어뜨리면 물방울이 증발해서 없어지잖아. 이때 물방울이 있었던 자리는 잠시 동안 검게 보이지. 이런 원리란다.

하지만 흑점이 검다고 무시해서는 절대로 안 돼. 온도가 낮아도 4,000℃가 넘거든. 철을 녹이는 용광로의 온도가 1500℃ 정도라고 하니까, 얼마나 무시무시한 온도인지 알겠지?

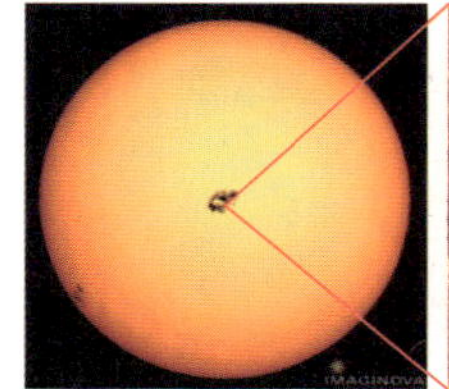
태양 표면의 흑점

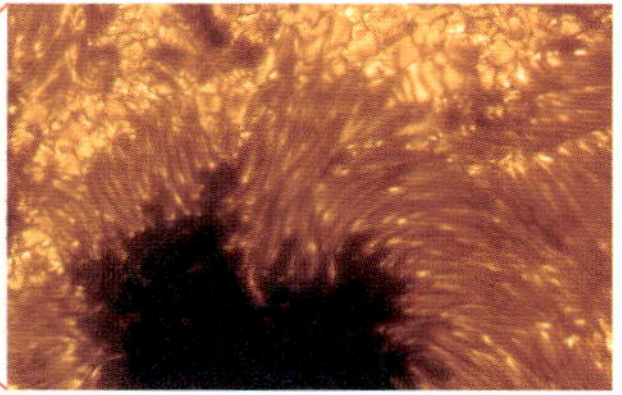
흑점을 확대한 사진

흑점을 통해 무엇을 알 수 있나요?

흑점을 계속 관찰하면, 흑점이 동쪽에서 서쪽으로 움직인다는 사실을 알 수 있어. 흑점의 이동을 통해 태양이 지구처럼 자전한다는 것을 알게 되었지. 적도 부위에 있는 흑점은 25일을, 극 주위에 있는 흑점은 35일을 주기로 자전해. 또한 이것은 태양 표면이 지구처럼 딱딱

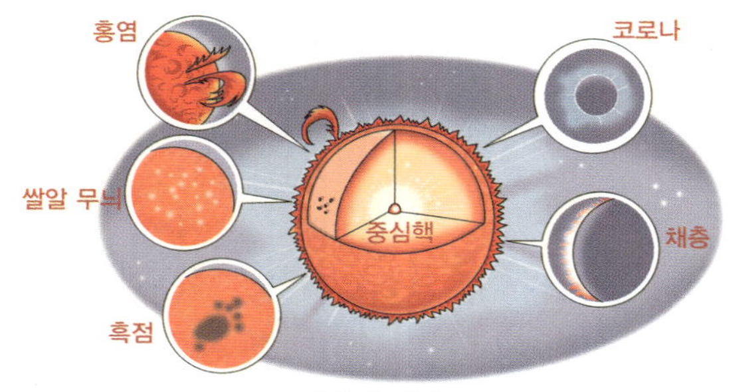

태양의 내부 구조

138

한 고체가 아니라 쉽게 움직일 수 있는 기체로 이루어졌음을 의미해.

왼쪽 그림은 태양의 내부 구조와 태양 현상이야. 채층은 광구 위 두께가 10,000km 되는 대기층이지. 홍염은 태양 내부의 뜨거운 물질이 표면을 뚫고 올라오는 거야. 코로나는 개기 일식 때 태양 둘레에 진주빛으로 빛나는 대기야. 쌀알 무늬는 광구 아래 대류 현상으로 나타나는 현상이란다.

흑점은 어떻게 관측할 수 있나요?

망원경으로 태양을 관측할 때는 빛의 양이 많기 때문에 조심해야 해. 망원경을 통해 태양을 직접 관찰하면 강한 빛 때문에 시력을 잃을 수도 있어. 그래서 흑점을 관측할 때는 투영판을 이용해서 봐야 해. 투영판은 망원경의 접안렌즈 뒤쪽에 설치하면 되는데, 투영판에 검은 점으로 나타나는 것이 흑점이야.

교과서 속의 흑점
우리는 태양의 표면만 볼 수 있을 뿐, 내부는 볼 수 없다. 태양의 표면을 광구라고 하며, 광구 면에 흑점이 있다. 흑점은 주변보다 온도가 낮기 때문에 검게 보이는 지역으로 크기는 10,000km 정도이다.

흑점을 우리 조상이 먼저
발견했다고요?

옛날 서양 사람들은 태양을 완전한 존재라고 생각했단다. 이집트에서는 태양을 신으로 숭배하기도 했지. 그래서 사람들은 태양에 흑점이 있으리라고는 상상도 못했어. 이런 생각은 수천 년 동안 쭉 이어져 왔어.

반면 우리 조상들은 태양에 흑점이 있다는 사실을 오래전부터 알고 있었어. 고려 시대 때 하늘을 관측해서 기록한 『고려사 천문지』를 보면 "태양 안에 검은 점이 있는데, 그 크기가 계란만 하다."라는 내용이 있거든. 또한 "개가 해를 물면 가뭄이 든다."는 옛 속담이 있는데, 이것은 태양에 흑점이 많아지면 가뭄이 온다는 것을 우리 조상들이 알고 있었음을 의미해. 일반적으로 흑점이 많아지면 태양의 활동이 강해지기 때문에 가뭄이 들 확률이 높아지거든. 하지만 과학사는 서양을 중심으로 서술됐기 때문에 우리 조상의 흑점 발견은 크게 인정받지 못했어.

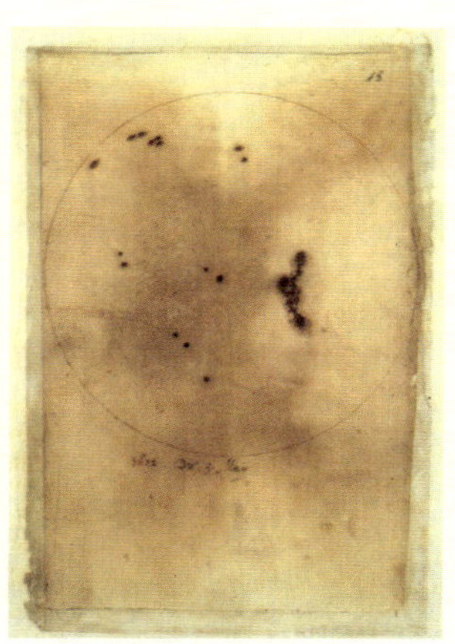

갈릴레이가 그린 태양의 흑점

서양사에서 흑점을 최초로 발견하여 과

학적으로 연구한 사람은 갈릴레이였어. 1610년 무렵 갈릴레이는 자신이 만든 천체 망원경으로 태양 표면에 흑점이 있다는 것을 밝혀냈어. 그리고 그 흑점이 일정한 주기를 가지고 이동하고 있으며, 크기도 자주 변한다는 사실을 알아냈어. 이를 계기로 달과 태양은 신이 만든 완전체라는 사람들의 생각이 바뀌게 되었어. 신이 이 세상을 만들었다는 생각도 의심하게 되었단다.

정리해 볼까요?

1. **흑점**은 태양의 표면에서 상대적으로 온도가 낮아 검게 보이는 지점이다.
2. 흑점을 관측함으로써 태양이 자전을 하고, 표면은 기체 상태의 물질로 되어 있음을 알게 되었다.
3. 흑점을 관측할 때는 투영판을 사용해야 한다.

항성을 빙빙 맴돌아 행성

행성은 <u>스스로</u> 빛을 내는 항성 주위를 일정한 주기로 공전하는 천체이다.

가능성 ★★★★
기여도 ★★★★
난이도 ★★★★★
선호도 ★★★★

호기심을 따라가면 개념이 보여요

반짝반짝 밤하늘을 수놓은 저 별을 따다가 목걸이로 만들면 얼마나 예쁠까?

→

모든 별이 빛을 내는 건 아냐. 별 중에는 스스로 빛을 내는 것과 그러지 못하는 것이 있거든.

→

태양처럼 스스로 빛을 내는 것을 항성, 지구나 금성처럼 항성 주위를 돌면서 그 빛을 반사하여 빛을 내는 것을 **행성**이라고 해.

행성이 뭐예요?

'행성'은 태양과 같이 빛을 내는 항성 주위를 일정한 주기를 가지고 공전하는 천체를 말해. 태양계에서는 수성, 금성, 지구, 화성, 목성, 토성, 천왕성, 해왕성 등 모두 8개가 있지. 우리나라와 중국, 일본에서는 이들을 '돌아다니는 별'이라고 해서 '돌아다닐 행(行)'과 '별 성(星)'을 써서 행성이라고 부르고 있단다.

태양계 행성들

태양계 행성은 어떻게 분류하나요?

천문학자들이 태양계를 이루고 있는 행성을 나누는 방법은 두 가지야. 첫 번째는 지구의 공전 궤도를 기준으로 '내행성'과 '외행성'으로 나누는 방법이야. 지구의 공전 궤도 안쪽을 돌고 있는 수성과 금성을 내행성, 지구의 공전 궤도 바깥쪽을 돌고 있는 화성, 목성, 토성, 천왕성, 해왕성을 외행성이라고 해.

두 번째는 행성의 크기와 밀도 그리고 대기의 성분 등을 기준으로 '지구형 행성'과 '목성형 행성'으로 나누는 방법이야. 지표가 딱딱하고 크기에 비해 무거운 수성, 금성, 화성 등을 지구형 행성, 표면이 기체로 되어 있고 크기에 비해 가벼운 토성, 천왕성, 해왕성 등을 목성형 행성이라고 해.

행성들의 특징을 한번 알아볼까? 우선 수성은 달과 비슷한 표면을 가지고 있고 대기가 없어. 금성은 두꺼운 이산화탄소로 덮여 있지. 그리고 화성은 붉은 사막으로 덮여 있고, 물이 흐른 흔적이 있어. 그래서 생물이 살았을 것으로 추측하기도 해.

태양계에서 가장 큰 행성은 목성으로, 가로줄 무늬와 고리를 가졌어. 토성은 암석과 얼음 부스러기로 이루어진 아름다운 고리가 있고, 천왕성은 청록색을 그리고 혜왕성은 푸른빛을 띠어.

교과서 속의 행성 태양계에는 태양을 중심으로 지구를 포함하여 그 주위를 돌고 있는 8개의 행성들이 있다.

명왕성은 왜 태양계 행성에서 쫓겨났을까요?

원래 명왕성은 태양계 행성이었단다. 하지만 2006년 8월 16일 국제천문연맹(IAU)에서 명왕성을 태양계 행성에서 제외시켰어.

명왕성이 처음 발견된 1930년대에는 관측 망원경의 한계로 행성의 크기와 조성 등을 정확하게 알 수 없었어. 그래서 명왕성은 아무런 반대 의견 없이 태양계 행성으로 인정받았어. 그런데 2005년 미국 캘리포니아 공업대학의 마이크 브라운 교수가 명왕성보다 큰 천체 'UB313(일명 '제나'로 불리다 '에리스'란 정식 명칭을 부여받았다.)'을 발견하면서 명왕성의 태양계 행성 자격에 대해 논란이 시작됐어.

지름이 2,400㎞인 에리스는 고래자리가 있는 방향에서 불그스름한 노란빛을 띠며, 577년 주기로 태양을 돌아. 만약 명왕성이 행성의 지위를 계속 유지한다면, 제나 역시 열 번째 행성으로 인정해야만 해. 이는 앞으로 수십 개의 행성이 더 추가될 가능성을 의미한단다. 그래서 국제천문연맹은 행성의 기준을 새로 규정할 필요가 생겼어. 태양계 행성을 수십 개로 계속 늘릴 수는 없기 때문이지. 그리하여 천문학자들이 새롭게 정한 행성의 자격은 '태양 주위를 돌아야 하고, 충분한 질량을 가져 자체 중력으로 타원형이 아닌 구형을 유지할 수 있어야 하며, 공전 구역 내에서 지배적인 역할을 하는 천체.'란다.

명왕성은 태양 주위를 돌고 구형을 가진 천체이지만 공전 구역 안에서 지배적인 역할을 하지 못하기 때문에 2006년 행성 자격을 잃고 왜소 행성으로 분류되었어.

1. **행성**은 스스로 빛을 내는 항성 주위를 일정한 주기로 공전하는 천체이다.
2. 행성은 위치에 따라 내행성과 외행성으로 나누고, 성질에 따라 지구형 행성과 목성형 행성으로 나눈다.
3. 명왕성은 태양계 행성으로 인정받았지만, 새로운 행성 후보들이 계속 발견되면서 2006년 이후 왜소 행성으로 분류됐다.

긴 꼬리를 휘날리며 혜성

혜성은 긴 꼬리를 끌고, 태양을 중심으로 긴 타원이나 포물선에 가까운 궤도를 그리며 운행하는 천체이다.

호기심을 따라가면 개념이 보여요

으악! 귀신이 머리를 산발하고 날아가는 것 같아! 저건 도대체 뭐지?

→

저것은 커다란 얼음과 먼지로 이루어진 별이야. 태양계의 방랑자라고 할 수 있지. 그런데 항상 꼬리를 가지고 있는 건 아니야.

→

타원 궤도를 그리며 태양 둘레를 도는 천체를 **혜성**이라고 하는데, 태양에 가까워지면 구성 성분이 증발하여 꼬리가 생겨.

혜성이 뭐예요?

혜성을 영어로는 코멧(Comet)이라고 하는데, 그리스어인 'komete'라는 단어에서 비롯된 말이야. 이 단어는 '긴 머리카락을 가진 것'이라는 뜻을 가지고 있어. 마치 사람의 머리털처럼 긴 꼬리를 휘날리며 날아가기 때문에 붙은 이름이란다. 즉 '혜성'은 긴 꼬리를 늘어뜨리고 태양을 중심으로 타원형을 그리며 일정한 주기로 공전하는 천체야.

핼리 혜성

혜성의 꼬리는 어떻게 만들어지나요?

혜성의 머리는 주로 먼지가 뒤엉킨 얼음덩어리로 이루어져 있어. 꼬리는 태양에 근접했을 때 생긴단다. 태양과 가까워질수록 뜨거운 태양열에 얼음이 증발하여 가스로 변해. 이것이 태양 빛에 반사되어 우리 눈에 꼬리로 보이는 거야. 그리고 혜성의 꼬리는 항상 태양이 있는 쪽과 반대 방향으로 생긴단다. 꼬리를 자세히 살펴보면 먼지로 이루어진 꼬리와 가스로 이루어진 꼬리가 있어.

핼리 혜성은 어떤 혜성인가요?

혜성 중에서 가장 유명한 것은 영국의 천문학자 에드먼드 핼리가 발견한 '핼리 혜성'이야. 그는 14세기 이후에 나타난 모든 혜성을 조사한 결과 자신이 발견한 혜성이 76년을 주기로 지구를 방문한다는 사실을 발견했어. 그리고 그는 이 혜성이 1758년 다시 나타날 것을 예언했는데, 정말 1758년 크리스마스 저녁에 나타났단다. 그 후 이 혜성은 그의 이름을 따서 핼리 혜성이라고 부르게 되었어.

유성우는 왜 생기나요?

별똥별의 정확한 말은 '유성'이라고 해. 그리고 별똥별이 무수히 떨어지는 모습이 비가 내리는 것처럼 보인다고 하여 '비 우(雨)'를 써서 '유성우'라고 한단다.

유성우가 생기는 까닭은 지구가 혜성이 남겨 놓은 먼지나 작은 암석 부스러기들을 통과하기 때문이야. 대표적인 유성우는 사자자리 유성우로, 33년을 주기로 11월 17일 자정 무렵에 대규모의 유성우를 볼 수 있어. 이것은 지구가 템펠−터틀 혜성이 지구 근처를 지나가면서 남겨 놓은 찌꺼기를 지나갈 때, 그 찌꺼기가 지구 대기권에 부딪혀 나타나는 현상이란다.

매년 11월 중순 사자자리 유성우

교과서 속의 혜성 혜성은 태양 둘레를 타원 궤도를 그리며 돌고 있는 얼음과 먼지로 된 작은 천체이다. 태양 가까이 오면 긴 꼬리가 나타난다. 혜성 중에서 76년을 주기로 태양 둘레를 도는 핼리 혜성이 유명하다.

옛날에는 왜 혜성을 무서워했어요?

혜성은 얼음덩어리와 먼지로 된 작은 천체란다. 혜성의 꼬리는 파랗게 보이는데, 옛날 사람들은 이것을 보고 무서워했단다. 커다란 별이 파란색 머리를 산발한 채 까만 밤하늘을 가르는 모습은 으스스할 정도로 무서워 보였어.

당시에는 이런 사람들의 심리를 이용해 사기를 치는 사람들이 많았다고 하는구나. 1910년 핼리 혜성이 지구를 지나갈 무렵, 유럽에서는 사기꾼들이 핼리 혜성 때문에 사람들이 큰 병에 걸릴 거라는 유언비어를 퍼뜨려 약을 만들어 팔았다고 해. 약의 이름은 '혜성 알약'이었다고 해. 또 다른 사기꾼은 '혜성 포도주'를 만들어 팔았고, 또 어떤 이는 '혜성 보험'까지 팔았다고 해.

이렇게 사람들이 혜성을 두려워한 까닭은 혜성을 죄 지은 사람들을 심판하기 위해 하늘에서 파견한 심부름꾼이라고 생각했기 때문이란다. 즉 사람들은 혜성을 전쟁과 질병 그리고 죽음의 징조로 여기고 불안해했던 거야. 하지만 과학이 발달하여 혜성의 정체를 확실히 알게 되면서부터 이런 일은 사라졌단다.

1. **혜성**은 긴 꼬리를 끌고, 태양을 중심으로 긴 타원이나 포물선에 가까운 궤도를 그리며 운행하는 천체이다.
2. 혜성은 얼음과 먼지로 된 천체이고, 태양의 반대 방향으로 꼬리가 생긴다.
3. 혜성이 지나간 자리를 지구가 통과할 때 혜성 부스러기들이 마찰에 의해 유성이 되어 지구로 떨어진다.

하루 한 번 꼭 도는

지구

지구는 태양계 행성으로 물이 있으며 생명체가 살고 있는 천체이다.

가능성	★★★★
기여도	★★★★
난이도	★★★★★
선호도	★★★★

호기심을 따라가면 개념이 보여요

지구는 태양계에서, 아니 전 우주에서 생명체가 살고 있는 유일한 행성이지?

→

아니, 꼭 그렇다고 단정할 수는 없어. 화성에서 물의 흔적이 발견되었거든.

→

생명체가 살기 위해서는 물이 꼭 필요하거든. 그런데 지구의 물이 점점 고갈되고 오염되고 있어. 머지않아 지구도 화성처럼 될지도 몰라.

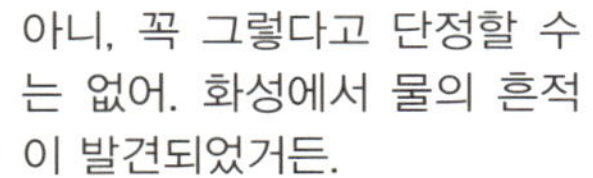
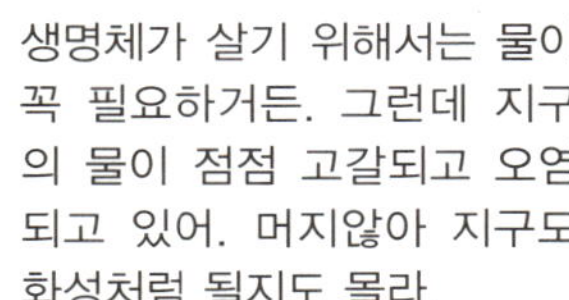

지구의 모양은 어떻게 생겼나요?

옛날 사람들은 지구를 네모 모양이라고 생각했어. 어떤 사람들은 거대한 코끼리가 땅덩이를 떠받치고 있는 모양이라고 생각했어. 그러다 고대 그리스의 자연철학자 아리스토텔레스에 의해 처음으로 지구가 둥글다는 사실이 밝혀졌단다. 월식 현상이 일어날 때 달에 비친 지구의 그림자를 보고 지구의 모습이 둥글다는 것을 알게 되었어.

오늘날 지구를 정확하게 관측해 보면 완전히 동그랗다기보다 적도 쪽이 조금 부푼 타원체 모양임을 알 수 있단다.

지구의 그림자를 볼 수 있는 개기 월식

우주에서 본 지구의 모습

지구는 어떤 운동을 하고 있나요?

지구는 하루에 한 바퀴씩 스스로 회전하는데, 이를 자전이라고 해. 그런데 이 자전 속도는 적도 지방을 기준으로 했을 때 약 시속 1,670km로 아주 빨라. KTX의 속력이 약 시속 300km 정도 되니까, 지구는 KTX 열차보다 무려 5배가 더 빠른 셈이지. 지구가 살짝 타원형인 것도 이 때문이란다. 치마를 입고 뺑그르르 빠르게 돌면 치마가 밖으로 부풀어 오르는 것과 같은 원리야. 하지만 지구 표면은 딱딱한 고체여서 자세히 보지 않으면 이를 눈치채기 어려워.

또한 지구는 태양의 둘레를 도는 공전 운동도 하고 있어. 공전 속도는 자전 속도보다 64배나 더 빨라서 약 시속 10만 7,200km나 된다고 해. 이것은 음속의 약 88배나 되는 아주 빠른 속도란다.

일상생활에서 지구의 자전을 어떻게 느낄 수 있나요?

지구가 자전하고 있는 것은 하늘을 보면 알 수 있단다. 태양과 달이 동에서 떠 서쪽으로 지는 것이나, 별이 북극성을 중심으로 동에서 서로 한 바퀴씩 도는 것을 보면 알 수 있지. 이는 지구가 서에서 동으로 하루에 한 바퀴씩 자전하기 때문에 일어나는 현상이란다.

하지만 지구가 자전하는 것은 하늘을 보지 않아도 아는 방법이 있어. 지금 화장실에 가보렴. 변기의 물을 내리면 물이 시계 반대 방향으로 돌아가면서 빠져나가지? 세면대나 욕조의 물도 마찬가지야. 물이 시계 반대 방향으로 도는 것은 지구가 자전하기 때문에 생기는 전향력이라는 힘 때문이란다.

전향력은 위도에 따라 자전의 속도가 다르기 때문에 생기는 힘이야. 자전축 근처에 있는 북극이나 남극 지방보다 적도 쪽으로 갈수록 자전 속도가 빨라지거든.

하지만 뉴질랜드나 오스트레일리아가 있는 남반구에서는 이 힘이 북반구와는 반대로 왼쪽으로 작용해. 이로 인해 남반구에서는 화장실 변기와 욕조의 물이 시계 방향으로 돌면서 빠져나간단다.

1. **지구**는 태양계 행성으로 물이 있으며 생명체가 살고 있는 천체이다.
2. 지구는 태양계에서 생명체가 발견된 유일한 행성이다.
3. 지구는 구형에 가까운 타원체로 적도 쪽이 극 쪽보다 조금 더 길다.
4. 지구는 하루에 한 바퀴씩 자전하고 태양을 중심으로 일 년에 한 바퀴씩 공전한다.

내가 도는 거야? 네가 도는 거야? 일주 운동

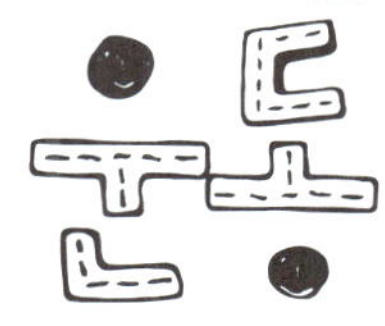

가능성 ★★★★★
기여도 ★★★★
난이도 ★★★★★
선호도 ★★★★

일주 운동은 별이나 태양, 달 등의 천체가 하루에 한 바퀴씩 회전하는 것처럼 보이는 겉보기 운동이다.

호기심을 따라가면 개념이 보여요

뱅글뱅글 도는 회전목마를 타면 주위 물체들이 반대 방향으로 회전하는 것처럼 보여. 왜 그럴까?

→

그것은 우리가 돌고 있지 않다고 착각하기 때문이야. 항상 같은 자리에 있는 태양, 달, 별이 움직이고 있는 것처럼 보이는 것도 이 때문이야.

→

지구가 자전함에 따라 지구 밖에 있는 태양, 달, 별들이 하루에 한 바퀴씩 회전하는 것처럼 보이는 현상을 **일주 운동**이라고 해!

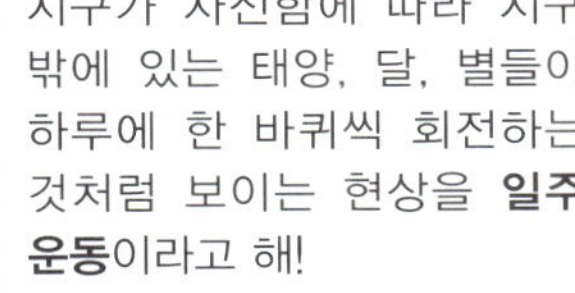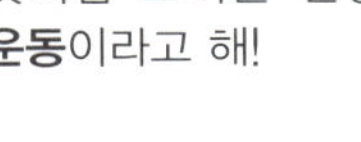

별의 일주 운동이 뭐예요?

북극성은 지구의 자전축과 불과 1°밖에 떨어

져 있지 않아. 그래서 북극성 역시 회전하고 있음에도 항상 제자리에 있는 것처럼 보여. 하지만 북극성 주위에 있는 북두칠성이나 카시오페이아자리의 별들은 동쪽에서 서쪽으로 움직이는 것처럼 보인단다. 이를 '별의 일주 운동'이라고 해.

별의 일주 운동을 연속 촬영한 장면

일주 운동은 왜 일어나나요?

'일주 운동'은 별만이 아니라, 태양과 달 등에서도 일어나. 그들이 실제로 회전하는 건 아니야. 지구가 하루에 한 바퀴씩 돌고 있기 때문에 일어나는 상대적인 운동이지. 이를 '겉보기 운동'이라고 한단다.

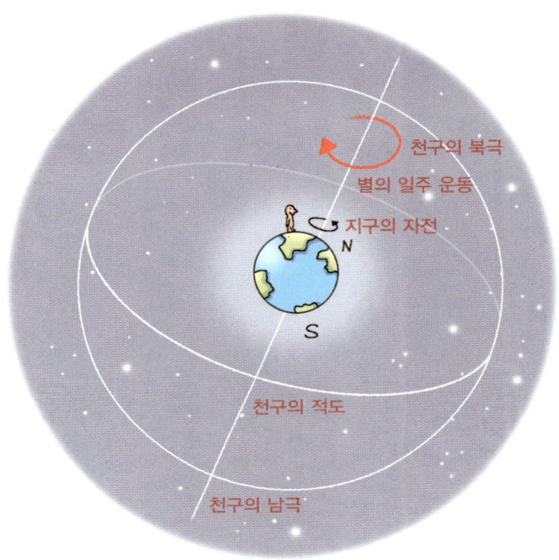

별의 일주 운동은 지구의 자전 때문에 보이는 겉보기 운동이다.

일주 운동의 주기와 지구의 자전 주기는 같나요?

별, 태양, 달의 일주 운동의 주기는 지구의 자전 주기와 똑같단다. 천체의 일주 운동은 지구가 자전하기 때문에 보이는 현상이기 때문이야. 지구는 자전축을 중심으로 약 23시간 56분 4초 만에 서쪽에서 동쪽으로 한 바퀴를 돌아. 따라서 별, 태양, 달의 일주 운동의 주기도 약 23시간 56분 4초라고 할 수 있어.

교과서 속의 일주 운동

낮과 밤은 왜 생길까요?

태양의 일주 운동은 지구가 자전하기 때문에 일어나는 현상이란다. 태양의 일주 운동은 낮과 밤이 생기는 현상으로 알 수 있어. 지구가 한 바퀴 자전을 하는 동안 태양을 마주 보는 지역은 낮이 되고, 그 반대쪽은 밤이 되거든.

만약 지구가 자전을 하지 않거나 아주 천천히 자전한다면 태양의 일주 운동은 불규칙적이 될 거야. 그러면 밤인 지역은 계속 밤이거나 그 시간이 아주 길어질 것이고, 낮인 지역은 계속 낮이거나 그 시간이 아주 길어지겠지. 그러면 밤은 너무 춥고, 낮은 너무 더워 사람이나 동식물이 살기 힘들어질 거야.

인도네시아의 보르네오 섬에 사는 원주민의 옛날이야기에 따르면, 아주 먼 옛날에는 낮만 있었는데, 어떤 여신이 우유 바구니에 어둠을

담아 온 이후부터 밤이 생겼다고 해. 만약에 그 여신이 밤을 가져오지 않았다면 아마 보르네오 섬 사람들은 모두 더위에 지쳐 죽었을 거야. 물론 다른 지역의 사람들도 마찬가지겠지.

1. **일주 운동**은 별이나 태양, 달 등의 천체가 하루에 한 바퀴씩 회전하는 것처럼 보이는 겉보기 운동이다.
2. 일주 운동은 실제로 일어나는 운동이 아니라, 지구의 자전으로 일어나는 겉보기 운동이다.
3. 지구의 자전 방향이 서쪽에서 동쪽이기 때문에, 일주 운동의 방향은 동쪽에서 서쪽이다.

태양이 도는 거야?
태양의 연주 운동

태양의 연주 운동은 태양이 하루에 1°씩 서쪽에서 동쪽으로 이동해 1년 후 제자리로 돌아오는 겉보기 운동이다.

가능성 ★★★★
기여도 ★★★★
난이도 ★★★★★
선호도 ★★★★

호기심을 따라가면 개념이 보여요

옛날 사람들은 태양의 움직임을 이용해서 시간을 확인했대. 이를 해시계라고 하는데, 요즘에는 왜 사용하지 않을까?

→ 태양의 움직임이 시계처럼 정확한 건 아니기 때문이야.

→ 태양은 하루에 1°씩 달라져. 그 이유는 지구가 공전하기 때문이야! 그리고 태양은 1년 후 제자리로 돌아오는데, 이런 겉보기 운동을 **태양의 연주 운동**이라고 해.

태양의 연주 운동이 뭐예요?

옛날 사람들은 별자리를 통해 태양의 위치가 조금씩 달라진다는 것을 깨달았어. 그래서 하늘에서 태양이 지나가는 길을 황도라 하고, 태양이 지나가는 길에 놓인 별자리 12개를 황도 12궁('궁'은 과거 중국에서 별자리를 부를 때 사용하던 용어)이라 불렀단다. 이처럼 태양은 하루에 약 1°씩 서쪽에서 동쪽으로 이동하여 1년 후면 제자리로 되돌아오는데, 이를 '태양의 연주 운동'이라고 해.

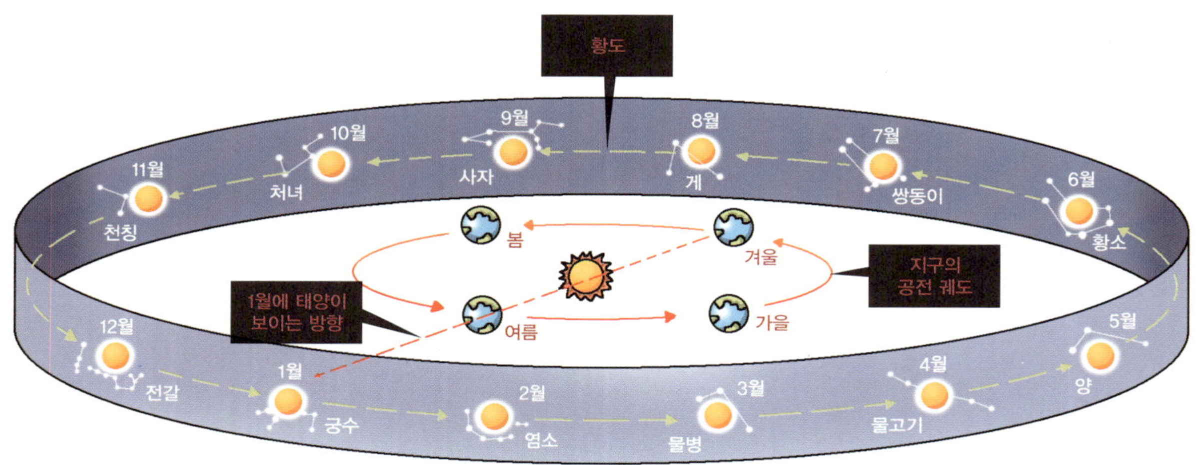

계절에 따라 달라 보이는 별자리

태양의 연주 운동은 왜 일어나나요?

태양의 연주 운동은 지구가 공전하기 때문에 일어나는 겉보기 운동이야. 지동설을 주장한 코페르니쿠스는 지구가 태양 주위를 돌고 있기 때문에 황도상에서 태양이 움직이는 것처럼 보인다고 주장했단다. 그리고 여러 관측을 통해 그 주장이 사실이라는 것이 밝혀졌어.

태양의 위치는 왜 매일 달라지나요?

지구의 공전으로 태양은 연주 운동을 하고, 태양의 위치도 매일 조금씩 달라져. 그 결과 태양의 뜨고 지는 위치도 달라진단다. 그림을 보면 봄과 가을에는 태양이 정동쪽에서 떠오르는 것 알 수 있어. 그리고 여름에는 조금 북쪽으로 이동한 지점에서 떠오르고, 겨울에는 조금 남쪽으로 이동한 지점에서 떠오르지. 이렇게 태양이 뜨는 위치가 계절에 따라 다른 이유는 지구가 약간 기울어진 채로 자전과 동시에 공전을 하기 때문이야. 만약에 지구의 자전축이 똑바로 세워져 있다면 계절의 변화는 없었을 거야.

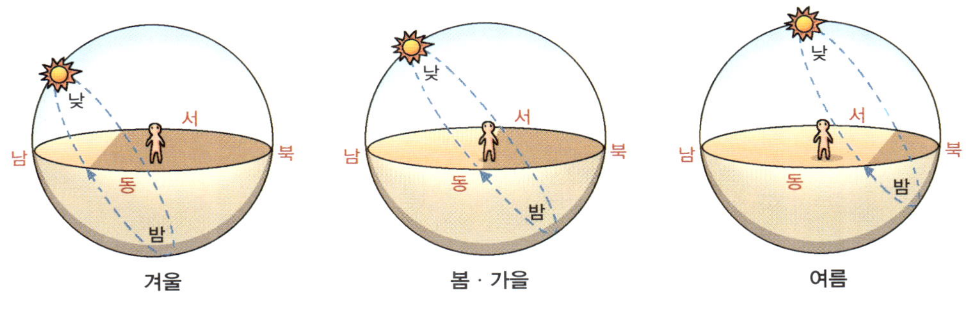

계절에 따른 태양의 위치

교과서 속의 태양의 연주 운동

태양은 하루에 약 1°씩 서쪽에서 동쪽으로 이동하여 1년 후면 제자리로 되돌아오는데, 이를 태양의 연주 운동이라고 한다. 이때 천구상에서 태양이 지나가는 길을 황도, 태양이 지나가는 길에 놓인 별자리를 12개로 정해 놓은 것을 황도 12궁이라고 한다.

왜 점성술을 미신이라고 할까요?

옛날 사람들은 1년에 달(moon)이 12번 차고 기우는 것을 기준으로 하여 황도를 30° 간격으로 12(12×30°=360°)개로 나누었단다. 그리고 각 구간에 해당하는 기간에 그 달을 대표하는 별자리를 정했는데, 이것이 바로 황도 12궁이야.

별자리	기간	별자리	기간
물병자리	1.21~2.18	사자자리	7.23~8.22
물고기자리	2.19~3.20	처녀자리	8.23~9.22
양자리	3.21~4.19	천칭자리	9.23~10.22
황소자리	4.20~5.20	전갈자리	10.23~11.22
쌍둥이자리	5.21~6.21	사수자리	11.23~12.21
게자리	6.22~7.22	염소자리	2.22~1.20

서양 사람들은 이 황도 12궁에 의미를 부여하고, 인간의 길흉화복을 점치는 데 사용했는데, 이를 '점성술'이라고 해. 그런데 지구가 자전할 때 팽이처럼 조금 비틀거리며 회전하기 때문에 별자리는 긴 시간을 두고 조금씩 움직이게 된단다. 그래서 현재는 태양이 11월에 천칭자리에서 떠오르지만, 지금으로부터 약 2000년 전에는 10월에 천칭자리에서 떠올랐어.

이러한 변화를 점성술에서는 반영하지 않고 과거의 기준을 그대로 적용하고 있단다. 즉 점성술의 기준이 되는 별자리가 달라졌는데, 점성술의 내용은 변하지 않았으니 맞을 리가 없겠지. 그래서 점성술을 서양 미신이라고 하는 거야.

그런데 이런 전통이 지금도 이어지고 있어. 요즘 우리나라에서도 널리 알려진 탄생 별자리에 대한 이야기가 바로 그것이지. 이것은 일본인들이 상업적으로 별자리를 이용하기 위해 퍼뜨린 거라고 해. 따라서 탄생 별자리에 따라 운명이 정해진다는 생각은 상당히 비과학적이라고 할 수 있단다.

1. **태양의 연주 운동**은 태양이 하루에 1°씩 서쪽에서 동쪽으로 이동해 1년 후 제자리로 돌아오는 겉보기 운동이다.
2. 태양의 연주 운동은 지구가 태양을 중심으로 서쪽에서 동쪽으로 1년에 한 바퀴씩 공전을 하기 때문에 일어난다.
3. 계절의 변화는 지구의 자전축이 기울어진 채로 공전하기 때문에 일어난다.

지구의 하루를 담당하는 달

달은 지구의 중력에 이끌려 지구 둘레를 공전하고 있는 위성이다.

가능성 ★★★★
기여도 ★★★★
난이도 ★★★★★
선호도 ★★★

호기심을 따라가면 개념이 보여요

아, 곧 있으면 시험이다. 옛날에는 달력이 없었으니깐 시험 날짜를 몰라 시험을 못 봤겠지?

→

옛날에도 달력이 있었어. 달력은 다른 말로 '달 월(月)'을 써서 월력이라고도 해. 옛날 사람들은 달의 모양 변화를 보고 시간의 흐름을 따졌어.

→

이처럼 **달**은 옛날부터 우리 인간과 아주 친근한 위성이야. 그리고 지구와 가장 가까이 있어 서로 많은 영향을 주고받아.

달은 어떻게 만들어졌나요?

달의 생성 과정에 대해서는 아직 확실하게 밝혀진 것이 없어. 다양한 생성 이론들 중 널리 인정받고 있는 것은 '충돌설'이란다. 지구가 처음 만들어질 무렵, 화성 크기의 미행성이 충돌하면서 지구의 맨틀이 파괴되었어. 이때 날아간 파편들이 지구 둘레를 돌면서 뭉쳐져 달이 만들어졌다는 이론이야.

충돌 후 맨틀 파편의 유출

지구를 도는 파편들

하나로 뭉쳐진 파편들

충돌설에 의한 달의 생성 과정

달은 어떤 천체인가요?

지구가 농구공이라면 달은 야구공이라고 할 수 있어. 달의 반지름은 1,738km로 지구 반지름의 약 1/4에 해당하거든. 또 달의 중력은 지구 중력의 1/6이기 때문에 지구에서 들지 못하는 역기도 달에서는 쉽게 들 수 있지. 달은 공기가 거의 없고 물이 지하에 분포하며 일교차가 엄청 심해. 햇빛이 비치는 곳은 약 120℃까지 치솟고, 햇빛이 비치지 않는 곳은 −180℃까지 내려가기도 하지. 지구에서처럼 대기가 열을 골고루 섞어 주지 못하기 때문이야.

달에는 정말 토끼가 사나요?

그렇지 않아. 토끼처럼 보이는 것은 크레이터 때문이야. 달 표면에는 곰보 자국과 같은 것들이 많은데, 이를 크레이터라고 해. 물과 공기가 없어 운석의 충돌 자국이 없어지지 않거든. 그리고 화산이 폭발하거나 표면이 꺼져서 생성되기도 해. 달 표면에는 서울시가 수십 개

들어갈 수 있는 크기의 크레이터들이 200여 개 넘게 있어.

달은 지구에서 가장 가까이 있는 천체로 밤하늘에서 가장 밝게 빛나기 때문에 비교적 관측하기 쉽다. 맨눈으로 보면 무늬가 있는 원반 모양으로 보인다. 물론 쌍안경이나 천체 망원경을 이용하여 관찰하면 수많은 구덩이와 높고 낮은 지형이 관찰되며, 날짜에 따라 달의 밝은 부분의 모양이 달라진다.

달이 지구의 하루를 결정한다는데 정말이에요?

그렇단다. 달의 중력으로 지구에서는 밀물과 썰물 작용이 일어나. 이 밀물과 썰물은 바다 밑 땅과 마찰을 일으켜 지구 자전에 브레이크 역할을 해. 달의 인력으로 달과 반대쪽에 있는 지구의 바닷물이 불어나는데, 이 불어난 바닷물은 지구의 자전을 방해하는 마찰력을 일으켜. 그 결과 지구 자전 속도는 점점 느려지고 하루는 길어지고 있단다.

현재 지구의 1일(자전 주기)은 약 24시간이야. 그러나 과학자들의 연구에 의하면 앞으로 10억 년 후 지구의 1일은 약 31시간이 된다고 해. 반대로 약 10억 년 전의 1일은 약 19시간이었고, 더욱이 달이 탄생한 약 45억 년 전 지구의 1일은 5시간이었을 것으로 추정하고 있어.

지구 자전 속도는 점점 느려지는 반면에 달은 지구로부터 점점 멀어지고 있단다. 지구의 자전 속도가 감소하는 만큼 지구에서 감소하는 운동 에너지를 얻어 지구로부터 멀어지는 거지. 과학자들의 연구에 따르면, 달은 1년에 약 3.8cm의 속도로 멀어지고 있다고 하는구나. 현재 달과 지구의 평균 거리는 약 38만km이지만 약 10억 년 후에는 약 41만 8,000km까지 멀어지는 셈이지.

정리해 볼까요?

1. **달**은 지구의 중력에 이끌려 지구 둘레를 공전하고 있는 위성이다.
2. 달의 반지름은 지구의 약 1/4에 해당하고, 중력은 지구의 1/6이다.
3. 달에는 공기와 물이 거의 없어 온도 차이가 심하고, 크레이터가 한번 생기면 잘 없어지지 않는다.
4. 달은 지구에 밀물과 썰물을 일으키고, 지구의 자전 속도를 조절하는 등 큰 영향을 준다.

매일 달라지는 달의 위상 변화

달의 위상 변화는 달이 지구 둘레를 공전하여 달 모양이 매일 달라지는 현상이다.

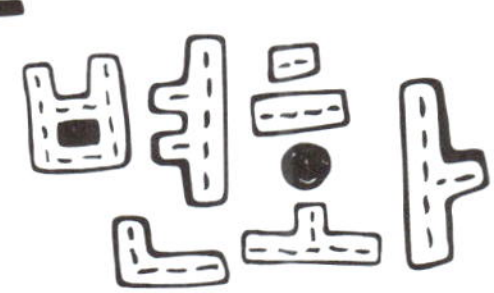

호기심을 따라가면 개념이 보여요

어제 본 달과 오늘 본 달의 모양이 달라. 왜 그럴까?

→ 똑같은 사물이어도 보는 위치나 방향에 따라 달라 보이지? 그것처럼 달의 모양은 똑같지만 그 위치에 따라 달라 보여.

→ 달의 위치가 변하는 것은 지구 둘레를 돌기 때문이야. 그리고 달의 공전으로 달의 모양이 달라지는 것을 **달의 위상 변화**라고 해.

왜 달의 모양은 매일 달라지나요?

지구가 1년에 한 바퀴씩 태양 둘레를 돌고 있는 것처럼, 달도 27.3일에 한 바퀴씩 서쪽에서 동쪽으로 지구 둘레를 돈단다. 이것을 달의 공전이라고 하지. 달이 지구 둘레를 공전하면서 지구와 달이 놓이는 위치가 달라져. 그래서 달의 모양이

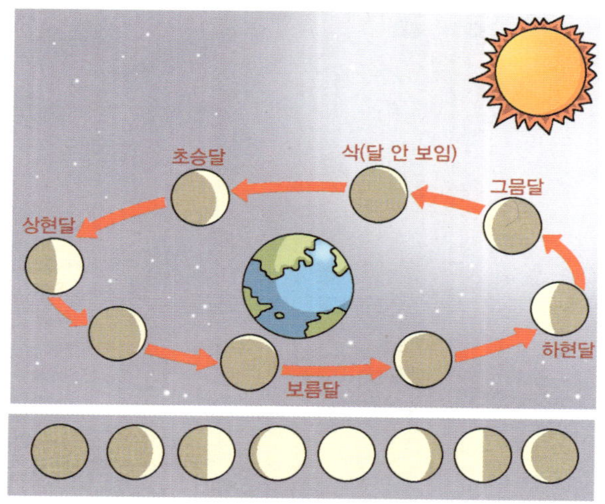

달의 위상 변화

매일 변하는 거란다. 또한 달은 태양과의 위치에 따라 삭, 초승달, 상현달, 보름달, 하현달, 그믐달로 불러.

달의 뒷면은 어떻게 생겼나요?

이 지구상에 달의 뒷면을 본 사람은 없어. 달은 공전 운동을 하는데, 달의 자전 주기가 공전 주기와 정확히 일치해. 그래서 지구에서는

176

항상 달의 똑같은 면만 보게 되는 거야. 실제로 우주선을 타고 달의 뒤쪽으로 가지 않는 한, 달의 뒷면을 볼 수 없단다.

교과서 속의 달의 위상 변화 달의 크기는 변하지 않지만 초저녁에 초승달 모습으로 서쪽 하늘에서 잠깐 나타나기도 하고, 어떤 때에는 보름달 모습으로 해가 진 후 동쪽 하늘에서 나타나기도 한다.

옛날 사람들은 달을 어떻게 생각했을까요?

달 표면의 모습

달은 인류와 참 가까운 천체란다. 태양은 너무 밝아 제대로 쳐다보기 힘들지만, 달은 지칠 때까지 쳐다볼 수 있기 때문이지. 그래서 달을 주제로 한 옛날이야기나 신화가 참 많아.

옛날 우리 조상들은 달에 계수나무와 옥토끼가 있다고 생각했단다. 그리고 그 옥토끼가 떡방아를 찧고 있다고 상상했지.

그런데 신기하게도 옛날 인도 사람들도 달을 보며 토끼를 상상했다고 해. 반면에 캐나다에 사는 인디언들은 달에 개구리가 산다고 생각했다는구나. 개구리는 달의 여동생인데 귀찮게 달라붙어 있다는 거야. 이것을 보면 사람의 생각은 참 비슷하다는 것을 알 수 있어.

달과 관련된 이야기 중 가장 재미있는 것은 바로 이누이트(에스키모) 사이에 전해져 내려오는 이야기란다. 옛날 옛날에 이누이트들이 모여 사는 추운 나라에 오빠와 여동생이 있었다고 해. 어느 날 하루는 오빠가 여동생이 싫어하는 일을 했대. 화가 난 여동생은 하늘로 도망가 태양이 되었고, 잘못을 깨달은 오빠는 동생을 찾으러 하늘로 따라 올라가 달이 되었대. 하지만 오빠인 달은 여동생인 태양을 만날 수 없었어. 왜냐하면 오빠가 한 걸음 쫓아가면 여동생은 언제나 한 걸음 먼저 도망갔거든.

실제로 달이 태양을 쫓아다니지는 않는단다. 태양은 항상 같은 자리에 있는데, 달이 지구 둘레를 공전하기 때문에 태양을 쫓아가는 것처럼 보일 뿐이야.

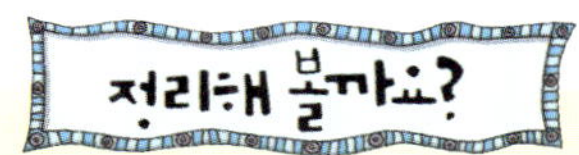

1. **달의 위상 변화**는 달이 지구 둘레를 공전하여 달 모양이 매일 달라지는 현상이다.
2. 달의 자전 주기는 공전 주기와 같이 27.3일이며, 달의 자전 방향은 서쪽에서 동쪽이다.
3. 달의 자전 주기와 공전 주기가 같기 때문에 지구에서는 달의 한쪽 면만 보인다.

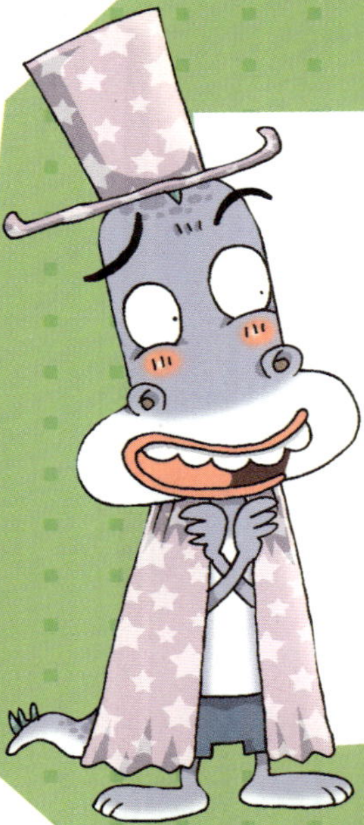

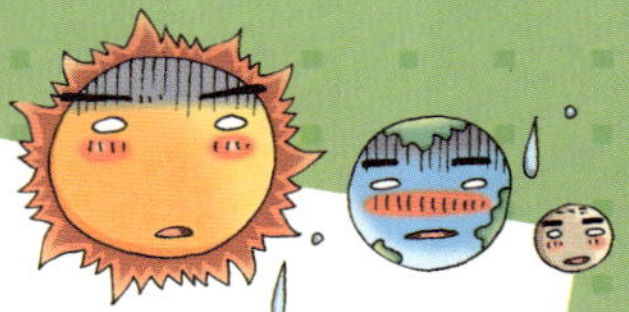

왕들도 두려워했던

일식과 월식

일식은 달에 태양이 가려지는 현상이고,
월식은 지구 그림자에 달이 가려지는 현상이다.

가능성 ★★★
기여도 ★★★
난이도 ★★★★★
선호도 ★★★★

호기심을 따라가면 개념이 보여요

갑자기 주변이 어두워져서 하늘을 보니, 태양이 사라졌어! 어떻게 된 거지?

→

태양만이 아니라 달도 사라지는 날이 있어. 매운 드문 현상으로, 옛날 사람들은 이를 큰 재앙의 징표로 받아들였어.

→

재앙의 징표가 아니라, 지구와 태양, 달의 위치에 의해 일어나는 신비한 천체 현상이야. 태양이 사라진 것은 달에 가려져서야. 이것을 **일식**이라고 해.

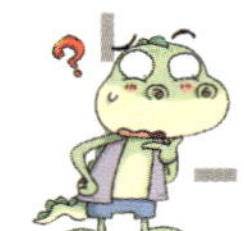

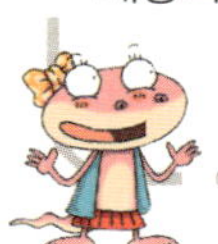

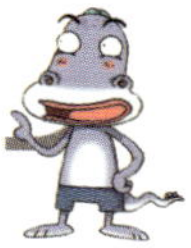

일식 현상은 왜 일어나요?

'일식'은 태양과 지구가 나란히 위치할 때 그 사이에 달이 끼어들어 태양에서 오는 빛을 가리기 때문에 일어나는 현상이야. 달이 태양을 완전히 가리면 개기 일식, 일부만 가리면 부분 일식, 태양이 달에 의해 완전히 가려지지 않고 금반지 모양처럼 보이면 금환 일식이라고 한단다.

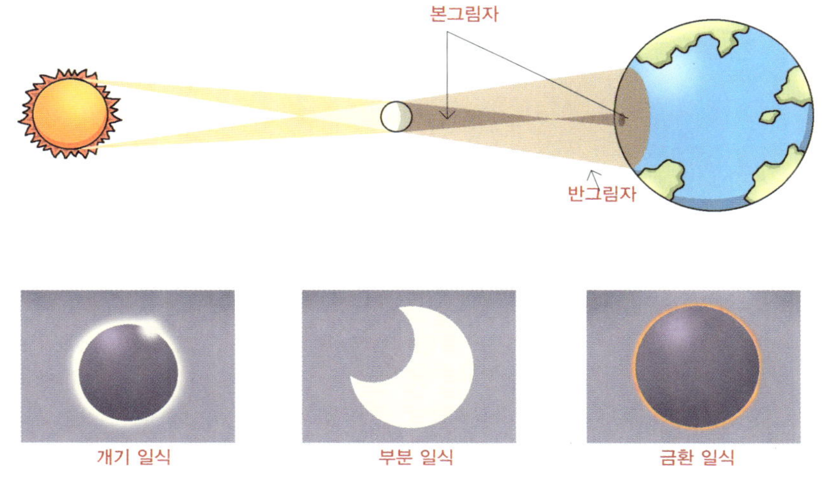

일식이 일어날 때 태양, 달, 지구의 위치 관계

월식 현상은 왜 일어나요?

'월식'은 지구를 도는 달이 지구 그림자 속으로 들어가 태양 빛을 받지 못해 일어나는 현상이야. 달이 지구의 본그림자 속에 들어가면 개기 월식, 바깥 그림자에 들어가면 부분 월식이라고 해.

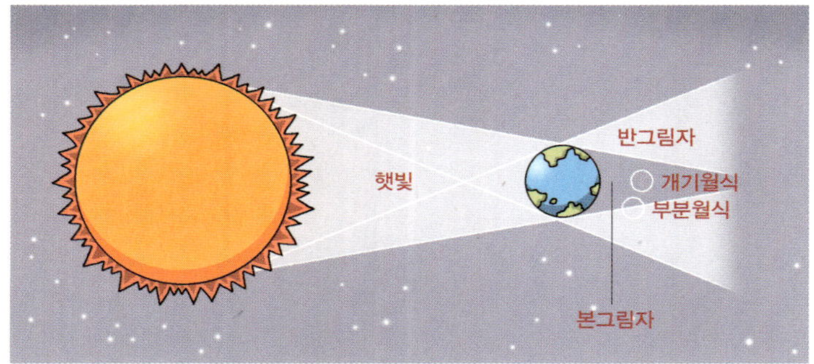

월식이 일어날 때 태양, 지구, 달의 위치 관계

일식과 월식은 언제 일어나요?

태양, 지구, 달의 위치 관계로 따지면 일식은 삭(달 안 보임)일 때마

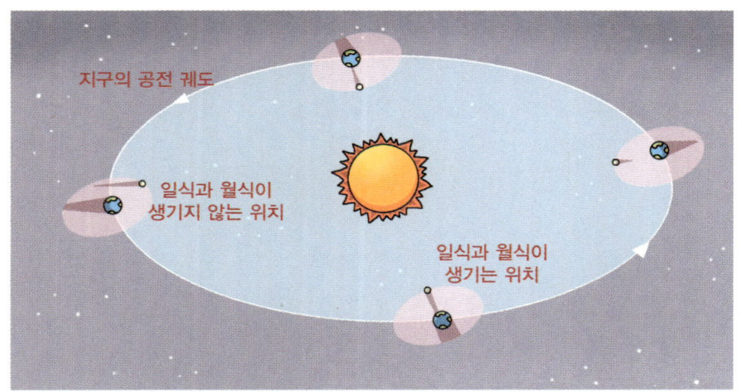

일식과 월식이 생기는 위치와 생기지 않는 위치

다, 월식은 망(보름)일 때마다 일어나야 해. 하지만 태양, 지구, 달은 종이와 같은 평면 위에 놓여 있는 것이 아니라, 우주에 입체적으로 놓여 있어. 특히 달의 공전 궤도면은 지구의 공전 궤도면과 나란하지 않아. 따라서 삭, 보름이 된다고 언제나 태양, 달, 지구가 나란히 놓이는 건 아니란다. 1년에 약 2번 정도 달의 공전 궤도면과 지구의 공전 궤도면이 서로 교차하는데, 이때 일식이나 월식이 일어난단다.

일식은 지구와 달이 일직선으로 놓여 있을 때 태양이 달에 가려져 일어난다. 월식은 태양, 지구 달이 일직선으로 놓여 지구가 태양빛을 가릴 때 일어난다.

일식, 월식과 관련된 이야기가 있나요?

옛날 옛날에 온 세상이 어두움으로 가득 찬 까만 나라가 있었단다. 까만 나라의 왕은 '이 어두움을 물리쳐야 백성들이 행복하게 살 수 있을 텐데…….'라며 매일 고민을 했지. 그러던 어느 날 까만 나라의 왕은 하늘을 날아다니는 용감한 불개에게 이웃 하얀 나라에 가서 해를 훔쳐 오라고 명령했단다. 까만 나라 왕은 해와 달만 있으면 어두움을 물리칠 수 있을 거라고 생각한 거야.

용감한 불개는 이웃 하얀 나라에 가서 해를 한입에 덥석 물었어. 그러나 너무 뜨거워 계속 물고 있을 수가 없었단다. 하는 수 없이 금방 뱉어 내고 말았지.

이 사실을 전해 들은 왕은 불개에게 화를 버럭 내면서, 달이라도 가져오라고 명령했단다. 꿩 대신 닭이라고, 달이라도 가져오면 조금은 밝아질 거라고 기대했거든. 불개는 이웃 하얀 나라가 밤이 되기를 기다렸어. 이윽고 밤이 되자 훨훨 날아가 달을 덥석 물었단다. 하지만 얼음보다 차가워 또다시 뱉어 내고 말았어.

불개는 해도 달도 가져가지 못하면 왕에게 크게 혼날 것이 두려워 까만 나라로 돌아가지 못하고, 지금까지 계속 해와 달 사이를 왔다 갔다 하면서 물었다 뱉기를 반복하고 있다고 해. 그리하여 옛날 사람들은 불개가 해를 물었을 때는 일식이 일어나고, 달을 물었을 때는 월식이 일어난다고 생각했어. 이것은 이야기일 뿐이지만, 실제 어떤 나라에서는 불개를 잡기 위해 활을 쏘기도 했다는구나.

1. **일식**은 달이 지구 둘레를 공전하는 동안에 태양-달-지구가 일직선상에 놓여 태양이 달에 의해 가려지는 현상이며, 반드시 삭일 때에만 일어난다.
2. **월식**은 태양-지구-달이 일직선상에 놓이면서 달이 지구의 그림자 속에 들어가 보이지 않는 현상이며, 망일 때에만 일어난다.
3. 일식과 월식이 삭과 망일 때마다 일어나지 않는 것은 달의 공전 궤도면이 지구의 공전 궤도면과 나란하지 않기 때문이다.

빙글빙글? 뱅글뱅글! 행성의 운동

행성의 운동은 행성이 태양을 중심으로 일정한 주기로 공전하는 운동이다.

가능성 ★★★★
기여도 ★★★★
난이도 ★★★★★
선호도 ★★★★

호기심을 따라가면 개념이 보여요

행성이 보이는 위치가 매일 달라져. 행성도 지구처럼 움직이나?

행성의 움직임을 살펴보려면 낮에 태양이 지나간 길을 기억해 두면 좋아. 행성들은 대체로 낮에 태양이 지나간 길 즉 황도 근처에 있거든.

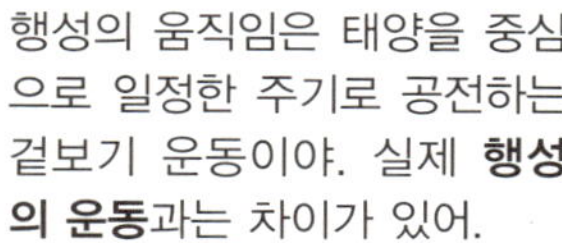

행성의 움직임은 태양을 중심으로 일정한 주기로 공전하는 겉보기 운동이야. 실제 **행성의 운동**과는 차이가 있어.

태양계 행성들은 모두 태양을 중심으로 일정한 주기로 타원을 그리며 공전하고 있단다. 지구가 1년에 한 바퀴씩 태양 둘레를 도는 것처럼 말이야. 하지만 지구에서 볼 때 태양계 행성의 운동은 지구를 기준으로 안쪽에 있느냐, 아니면 바깥쪽에 있느냐에 따라 다르게 운동하는 것처럼 느껴져. 예를 들어 지구 궤도보다 안쪽에 있는 수성과 금성 같은 내행성은 태양을 중심으로 일정한 각거리에서 왕복 운동을 하는 반면에 지구 궤도보다 바깥쪽에

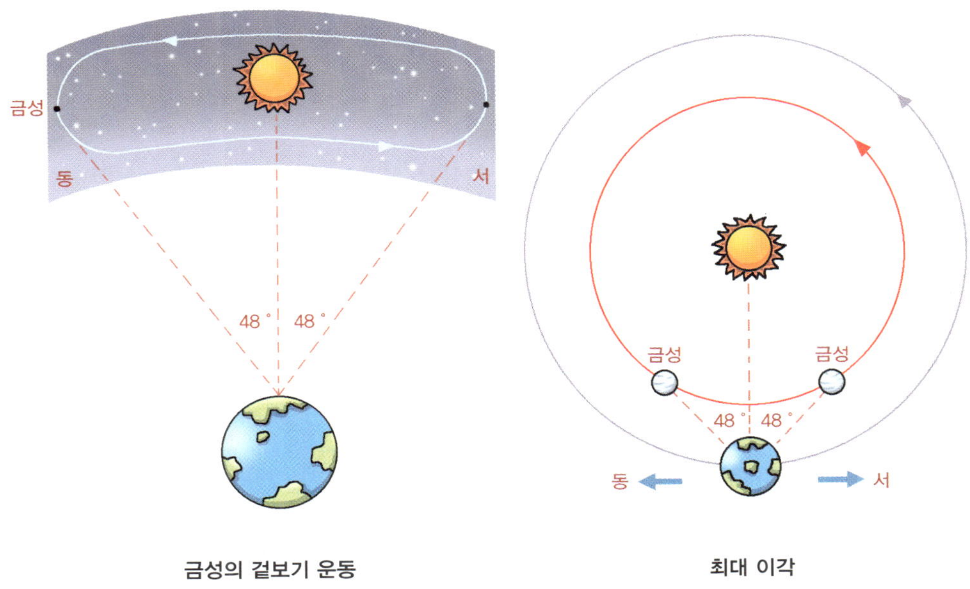

금성의 겉보기 운동

최대 이각

187

있는 화성이나 목성 등과 같은 외행성은 앞뒤로 왔다 갔다 하는 운동을 하거든.

금성과 같은 내행성의 겉보기 운동은 어떻게 일어나나요?

지구의 안쪽 궤도를 공전하는 수성이나 금성을 내행성이라고 해. 내행성은 태양을 중심에 두고 정해진 각도 안에서 동쪽과 서쪽을 규칙적으로 반복하는 겉보기 운동을 한단다. 이때 정해진 각도를 '최대 이각'이라고도 하는데, 내행성이 태양으로부터 가장 멀리 떨어질 때의 각도를 의미해. 수성의 최대 이각은 28°, 금성의 최대 이각은 48°란다.

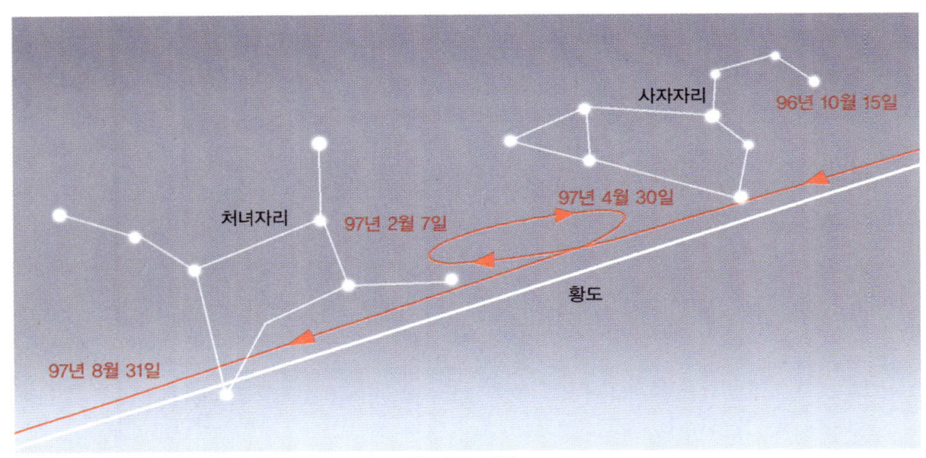

화성의 이동

화성과 같은 외행성의 겉보기 운동은 어떻게 일어나나요?

지구의 바깥쪽 궤도를 공전하는 화성, 목성, 토성, 천왕성, 해왕성을 외행성이라고 해. 외행성은 내행성에 비해 매우 복잡한 겉보기 운동을 한단다. 예를 들어 화성은 별자리 사이를 서쪽에서 동쪽으로 움직이다 잠깐 멈추고 이번엔 서쪽으로 움직여. 그러다 또다시 동쪽으로 움직이는 운동을 해. 화성과 같은 외행성이 이러한 겉보기 운동을 하는 것은 지구의 공전 궤도 밖에서 지구의 공전 속도보다 느리게 공전하기 때문이야.

지구에서 볼 수 있는 행성의 움직임은 실제로 일어나고 있는 행성의 운동이 아니라, 지구에 있는 관측자의 눈에 보이는 겉보기 운동이다. 따라서 지구의 안쪽 궤도에 있는 행성과 바깥쪽 궤도에 있는 행성의 운동은 서로 다르게 관측된다.

천동설과 지동설의 차이점은 뭐예요?

코페르니쿠스 이전까지 사람들은 우주의 중심은 지구라고 생각했단다. 태양, 달, 행성들이 지구를 중심으로 돌고 있다고 믿었던 거지. 이것이 '천동설'이야.

반면 코페르니쿠스는 우주의 중심은 태양이고, 지구나 행성은 태양을 중심으로 공전하고 있다고 주장했어. 이것이 '지동설' 혹은 태양 중심설이야. 하지만 사람들은 지동설을 쉽게 받아들이지 않았어. 지동설을 받아들이게 되면 지구나 행성이 멀리 떨어진 태양의 주위를 돌게 되므로 우주의 크기가 훨씬 커져야 해. 우주가 커지면 상대적으로 신이 창조한 지구의 존재는 미미한 것이 되고, 그 속에 사는 사람들은 비천한 존재라는 것을 인정해야만 했거든.

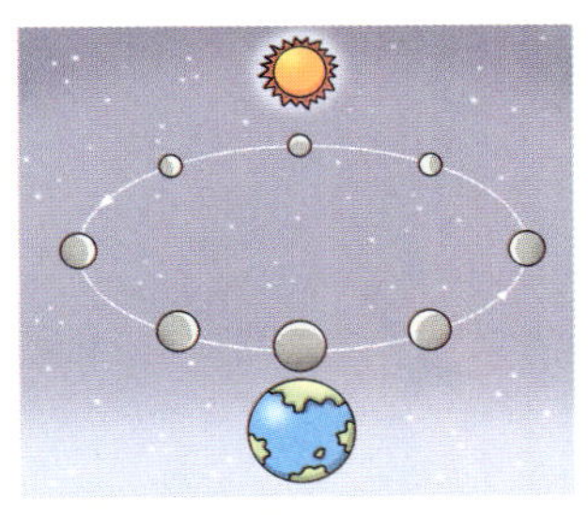
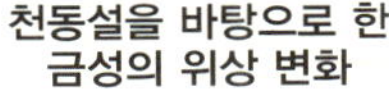
천동설을 바탕으로 한
금성의 위상 변화

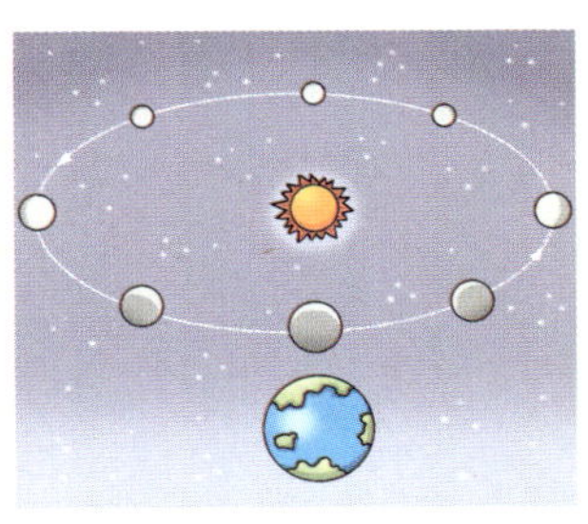
지동설을 바탕으로 한
금성의 위상 변화

그런데 갈릴레이가 지동설이 옳다는 결정적인 증거를 찾아냈어. 갈릴레이는 자신이 만든 천체 망원경으로 금성을 관측하다가 금성이 달처럼 모양이 변하는 것을 발견했어. 천동설에 따르면 지구에서는 항상 금성의 태양 반대쪽 면만 보이기 때문에 항상 초승달 모양이어야 해. 하지만 금성의 모양은 초승달, 반달, 보름달 등 다양하게 보였지. 갈릴레이가 지동설의 증거를 밝힌 후, 사람들은 점점 지동설을 믿게 되었어. 이는 신 중심에서 인간 중심으로 가치관이 바뀌는 계기가 되었단다.

정리해 볼까요?

1. **행성의 운동**은 행성이 태양을 중심으로 일정한 주기로 공전하는 운동이다.
2. 내행성인 금성이나 수성은 태양 중심으로 좌우로 왔다 갔다 하는 겉보기 운동을 한다.
3. 외행성인 화성이나 목성 등은 지구 궤도 바깥에서 지구보다 느린 속도로 공전하기 때문에 앞으로 갔다가 멈추고 다시 뒤로 가는 등 복잡한 겉보기 운동을 한다.

지구의 역사와 지각 변동

지구 나이를 알려 주는 화석

화석은 지층 속에 남아 있는 생물 유해나 생활 흔적이다.

가능성 ★★★★
기여도 ★★★
난이도 ★★★
선호도 ★★★★★

호기심을 따라가면 개념이 보여요

과학자들은 왜 **화석**을 찾으러 다닐까?

→ 화석을 보면 지구의 역사를 알 수 있기 때문이야.

→ 화석에는 지구의 과거 날씨와 생태계 환경을 알 수 있는 정보가 담겨 있어!

화석이 뭐예요?

'화석'은 과거에 살았던 생물의 유해나 흔적이 돌처럼 굳은 것을 말해. 옛날 사람들은 모든 물체에 생명이 깃들어 있다고 믿었어. 돌멩이도 생물처럼 자란다고 생각했지. 그리고 땅 밑에서 발견된 화석을 동식물이 되려다 만 존재로 여겼어. 여기서 '될 화(化)'와 '돌 석(石)'을 써서 화석이란 단어가 나왔단다.

전남 해남 우항리의 공룡 발자국 화석

표준 화석, 시상 화석이 뭐예요?

화석은 지구의 과거 모습을 연구하는 데 아주 중요하단다. 화석에 나타난 옛날 생물들은 지질 시대를 구분하는 기준이 되지. 그리고 이러한 것을 '표준 화석'이라고 해. 껍질, 뼈, 잎맥 등 생물의 단단한 부분 등이 보여야 하고 짧은 기간 동안 넓은 지역에서 살았던 생물의 화석이 좋은 표준 화석이란다. 이를 통해 생물의 진화 과정도 알 수 있어. 또한 생물이 살았던 때의 환경도 알려 주는데 이러한 화석을 '시상 화석'이라고 해.

화석은 어떻게 만들어질까요?

생물은 대부분 어느 시기에 지구상에 나타나 일정 기간 살다가 사라져. 그중 일부는 퇴적 지층 속에 모습을 감추고 있다가 오랜 세월이 지난 후에 화석으로 발견된단다. 하지만 생물이라고 다 화석이 되는 것은 아니야. 화석이 되려면 아주 특별한 과정을 거쳐야만 해. 다음 그림은 화석이 만들어지는 과정이야.

물속에 조개나 물고기가 살고 있다.

조개나 물고기 유해 위로 모래나 진흙 같은 퇴적물이 쌓인다.

그 위로 퇴적물이 계속 쌓여 지층을 형성한다. 지층의 무게로 인한 압력으로 단단하게 굳어 퇴적암이 된다.

오랜 시간이 지난 후 조개나 물고기는 화석으로 변한다.

지층이 지각 변동에 의해 물 위로 솟아오르고, 침식되어 화석이 드러난다.

교과서 속의 화석

과학자들은 공룡의 발자국 화석을 연구하여 그 공룡의 크기나 체중 또는 초식성인지 육식성인지 알아낸다. 나아가 당시의 환경이나 지층이 생성된 연대를 알아내기도 한다. 이와 같이 화석은 지층과 함께 과거 지구의 역사를 연구하는 데 중요한 단서가 된다.

우리나라에서도 공룡 화석이 발견됐나요?

그렇단다. 만화나 책으로만 보던 공룡이 우리나라에 살았다는 사실이 신기하지? 왠지 미국이나 몽골처럼 먼 나라에서만 살았을 것 같은데 말이야. 그런데 서울에서 1시간도 걸리지 않는 경기도 화성 시화호에서 공룡 알 화석이 발견됐어.

지금의 시화호는 바다와 맞붙은 인공 호수이지만, 약 1억 년 전만 해도 진짜 호수였단다. 그곳에 강물이 흘러들면서 운반해 오던 모래나 자갈 등을 퇴적시켜 거대한 퇴적층을 만들었어. 그 호수 주변을 거대한

위성에서 바라본 시화호

덩치의 공룡들이 어슬렁거리면서 발자국을 남기고 둥지를 만들어 알도 낳았지. 시화호가 있던 서해는 당시만 해도 육지였거든. 그리고 시간이 지나면서 공룡의 발자국과 알 위로 다시 퇴적물이 쌓였어.

그 후 오랜 세월이 흐르면서 지구 기온이 높아진 결과, 남극과 북극의 얼음이 녹고 바닷물의 높이가 높아져 육지였던 서해는 바다가 되었단다. 그 과정에서 지금의 시화호는 바닷물로 덮였어. 그러다 이번에 시화 방조제가 건설되면서 바닷물이 마르자 지표로 드러나게 되었단다. 이 덕분에 영원히 바닷물 속에 비밀로 간직될 뻔했던 공룡의 발자국과 알 화석 등이 드러났어.

1. **화석**은 지층 속에 남아 있는 생물 유해나 생활 흔적이다.
2. 화석은 지구의 과거 기후와 생물의 진화 과정을 알려 주는 중요한 자료이다.
3. 생물의 개체수가 많거나 뼈나 껍질과 같이 단단한 부분이 있는 경우 표준 화석이 되기 쉽다.

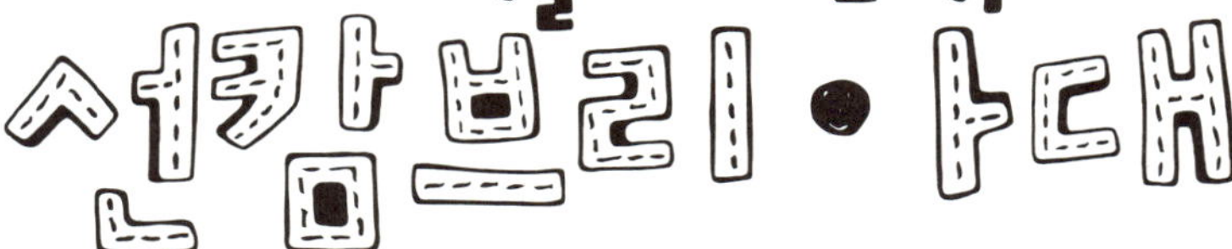

선캄브리아대

선캄브리아대는 지질 시대 중에서 약 38억 년 전부터 5억 7000만 년 전까지의 시기이다.

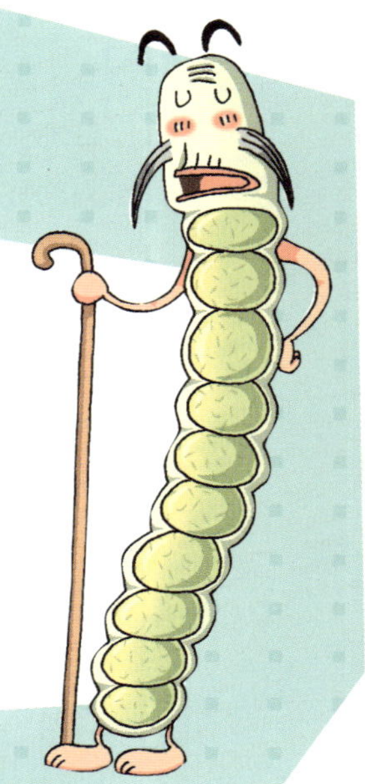

호기심을 따라가면 개념이 보여요

최초의 생물체는 언제 출현했을까?

→

인류의 조상을 찾기 위해서는 최초의 생명체가 발견된 **선캄브리아대**의 화석을 연구해야 돼!

→

선캄브리아대는 약 38억 년 전부터 5억 7000만 년 전 사이의 시기를 말하지!

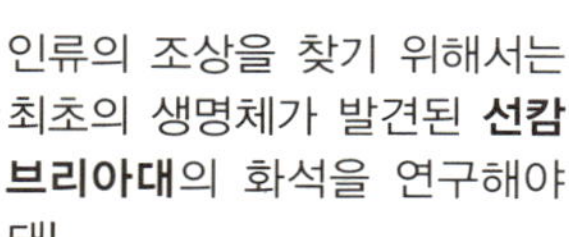

지질 시대가 뭐예요?

'지질 시대'는 지구에 지각이 형성된 이래로 인류가 출현하여 역사의 기록을 남기기 전까지의 시대를 말해. 현재 지구에서 발견된 암석 중에서 가장 오래된 것은 약 38억 년 전에 생성된 것이라고 해. 그래서 지질 시대는 약 38억 년 전부터 시작된단다. 하지만 이보다 더 오래된 암석이 발견된다면 지질 시대의 시작은 더 빨라지겠지.

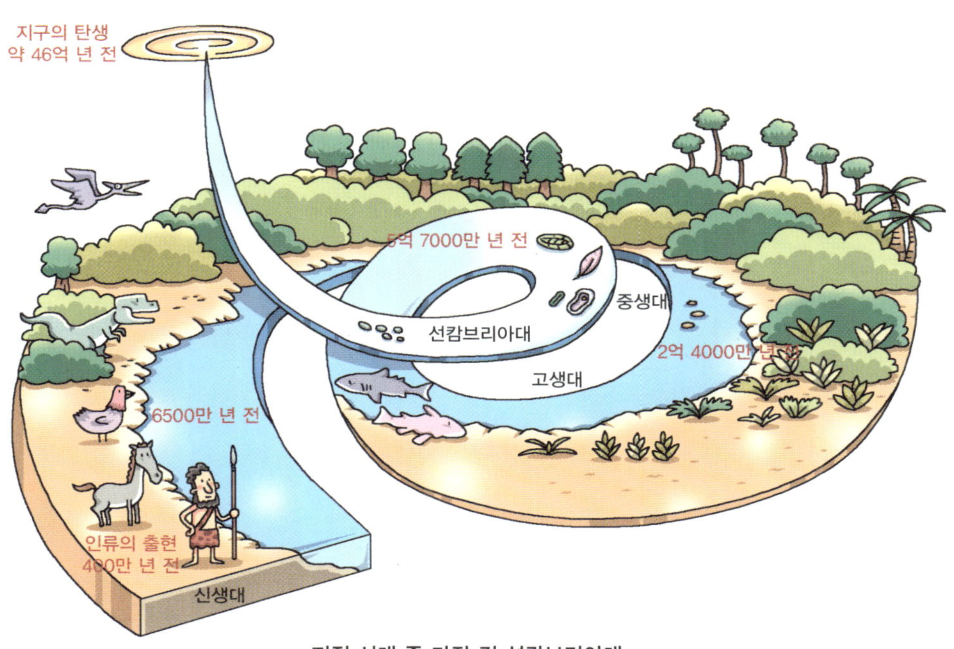

지질 시대 중 가장 긴 선캄브리아대

지질 시대는 어떻게 나누나요?

지질 시대를 나누는 단위에는 여러 단계가 있단다. 가장 큰 단위부터 순서대로 나열하면 '이언 → 대 → 기 → 세'로 구분할 수 있지. 그리고 이를 나누는 기준은 크게 두 가지야. 하나는 앞에서 배운 화석이고, 또 하나는 부정합과 같은 지각 변동이야.

선캄브리아대는 어떤 지질 시대였나요?

'선캄브리아대'는 지질 시대 중 가장 긴 시기를 차지하며 생명이 시

작되었어. 약 35억 년 전 생명 활동이 시작된 곳은 바다야. '시아노 박
테리아(남조류)'라고 불리는 미생물이 광합성 활동을 하면서 이산화탄
소를 흡수하여 산소를 만들어 냈지. 그 덕분에 지구상에 다양한 생명
체가 탄생하게 되었단다. 그 증거로 세계 곳곳에서 발견되는 '스트로
마톨라이트'를 들 수 있어. 이것은 시아노 박테리아가 만든, 양배추
모양에 돌처럼 단단한 화석이야.

교과서 속의 선캄브리아대 지질 시대의 대부분을 차지하지만, 발견되는 화석의 수는 적다. 그 이유는 이 시대에 살았던 생물체의 대부분이 단단한 뼈나 껍질이 없었고, 오랜 지질 시대를 거치는 동안 지각 변동을 받아서 거의 없어졌기 때문이다.

우리 조상이 정말 시아노 박테리아인가요?

그렇단다. 세월을 거슬러 올라가보면 시아노 박테리
아가 우리의 조상임을 알 수 있어. 지구상에 등장한 최
초 생명체로 추정되거든. 물론 이 생명체의 탄생 과정에 대해서는 아

직 정확하게 밝혀지지 않았어. 하지만
실 모양의 보잘것없는 시아노 박테리아
는 광합성 활동을 통해 동식물이 호흡하
는 데 꼭 필요한 산소를 만들어 냈단다.

지구 최초의 생물체인 시아노 박테리아

　　바닷속에서 생성된 산소는 시간이
지나자 대기권으로 뿜어져 나왔고, 하늘 높이 올라가 오존이라는 기
체를 만들었어. 그리고 오존들이 모여 오존층을 형성하면서 태양의
자외선을 막아 주었단다. 그 결과 동식물은 해로운 자외선으로부터
세포를 보호할 수 있게 되었고, 바닷속에 숨어 살던 동식물들이 육지
에서 활동하기 시작했지.

정리해 볼까요?

1. 지질 시대는 지구에 지각이 형성된 후부터 인류가 역사를 기록하기 전까지의 시대를 말한다.
2. **선캄브리아대**는 지질 시대 중에서 약 38억 년 전부터 5억 7000만 년 전까지의 시기이다.
3. 선캄브리아대는 지질 시대 중 가장 긴 시대이자 생명이 처음 탄생한 시기로, 대표적인 화석으로 스트로마톨라이트가 있다.

번데기 친구 삼엽충!
고생대

가능성 ★★★★
기여도 ★★★
난이도 ★★★★★
선호도 ★★★★

고생대는 지질 시대 중 약 5억 7000만 년 전부터 2억 4000만 년 전까지의 시기이다.

호기심을 따라가면 개념이 보여요

지질 시대에는 생물들이 무엇을 먹고 살았을까?

→

지금과 비슷하게 다른 생물을 잡아먹는 생물이 있었어. 그래서 이를 피하려고 딱딱한 껍질을 가진 생물이 등장하게 되었지.

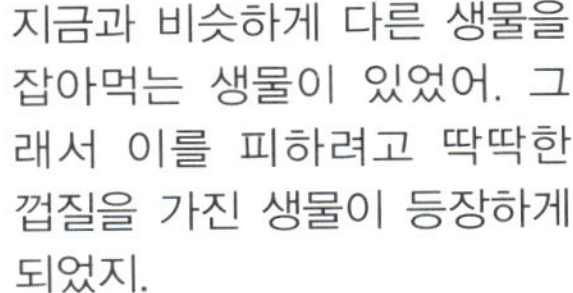

→

이러한 생물이 등장하기 시작한 것은 바로 **고생대**야. 고생대에는 생물이 살기 좋은 환경이 조성되면서 다양한 생물들이 등장했어.

고생대는 어떤 지질 시대였나요?

고생대는 지질 시대 중 약 5억 7000만 년 전부터 2억 4000만 년 전 사이의 시기를 말해. 그리고 선캄브리아대보다 생물이 환경에 잘 적응할 수 있는 시대였어. 대기 중의 산소량이 늘어났고, 오존층이 해로운 자외선을 막아 주었거든. 그래서 그 전보다 생물의 수가 폭발적으로 증가했어. 이 시기에는 단단한 껍질이나 뼈를 가진 생물이 많이 등

장했어. 그 이유는 껍질이나 뼈의 원료가 되는 탄산칼슘이 바닷속에 풍부했거든. 또 다른 이유는 다른 생물을 잡아먹는 생물이 출현하면서 자신의 몸을 보호하기 위해서란다.

고생대의 자연 환경은 어땠나요?

고생대 전기에는 대체적으로 온난한 기후였지만, 고생대 전기가 끝날 무렵 기후가 급변하여 엄청 추워졌어. 오늘날 사하라 사막과 아프리카 대륙이 있는 곳이 모두 빙하로 덮일 정도였다고 해. 그리하여 고생대 말기에는 남반구의 대부분이 빙하기로 접어들 만큼 추워졌단다.

고생대 때 가장 번성했던 생물에는 어떤 것이 있나요?

고생대의 대표 생물은 삼엽충으로, 바닷속에 사는 생물이야. 이 시기에 아주 번성했단다. 하지만 육지에는 아직 생물이 살지 않았어. 그러던 것이 고생대 말기에 접어들면서 고사리, 석송류와 같은 양치식물이 육지에서 크게 번성했어. 그 중에서 어떤 식물은 키가 약 40m가 넘

삼엽충

두족류

207

는 거대한 덩치를 자랑하는 것도 있었단다. 식물이 번성하면서 덩달아 폭발적으로 곤충도 늘어났어.

무척추동물, 척추동물 시대 : 삼엽충이나 완족류 등 바다 생물이 번성하였고, 어류의 조상도 나타났다. 육지에서는 양서류가 번성하였고, 대형 고사리류가 큰 숲을 이루었는데, 이들이 땅속에 묻혀 석탄이 되었다.

석탄이 고생대 때 만들어졌다는데 사실이에요?

고생대는 총 6기로 나눠지는데, 석탄기(石炭紀)는 그 중 다섯 번째에 해당하는 기간이란다. 약 3억 4500만 ~2억 8000만 년 전으로, 석탄기라는 명칭은 영국과 서유럽의 고생대 지층에서 방대한 양의 석탄층이 산출되어 붙여진 이름이야.

고생대에 석탄층이 많은 것은 이때 번성했던 식물 때문이란다. 당시에는 지금보다 몸체가 큰 양치식물들이 큰 삼림을 이루고 있었는데, 지각 변동에 의해 땅 밑으로 가라앉아 버렸단다. 그 후 그것이 오랜 세월이 지나면서 땅의 무게와 열에 의해 석탄이 되었지.

그리고 고생대의 석탄기 지층에서는 여러 종류의 곤충 화석들도 많이 발견되었어. 양치식물이 이룬 큰 삼림

석탄은 몸체가 큰 양치식물들이 퇴적되면서 만들어졌다.

은 곤충들에게 최적의 보금자리였거든. 날개 길이가 70cm나 되는 잠자리와 전갈류도 발견되었지. 특히 바퀴벌레가 많아 육지는 바퀴벌레의 시대라고 불렸다고 하는구나. 그 시대에 태어나지 않은 게 다행이지. 참, 석탄층은 고생대에만 있는 것이 아니라 다른 나라의 중생대 혹은 신생대 지층에서도 많이 발견된단다. 그러나 우리나라는 석탄층이 매우 빈약해.

1. **고생대**는 지질 시대 중 약 5억 7000만 년 전부터 2억 4000만 년 전까지의 시기이다.
2. 고생대는 산소량이 많아지고 오존층이 형성돼 해로운 자외선을 막아 주어 많은 생물들이 등장했다.
3. 고생대의 대표적인 생물은 삼엽충과 고사리이다.

공룡이 나타났다! 중생대

중생대는 지질 시대 중 약 2억 4000만 년 전부터 6500만 년 전까지의 시기이다.

가능성 ★★★★
기여도 ★★★★
난이도 ★★★★★
선호도 ★★★★

호기심을 따라가면 개념이 보여요

〈쥐라기 공원〉이라는 영화에서 **중생대** 시대에 살았던 모기의 피에서 공룡의 유전자를 복제해 공룡을 만들어 내. 그것이 가능할까?

→ 공룡이 살았던 시기는 중생대로 지금으로부터 2억만 년 전이야.

→ 유전자를 담고 있는 DNA의 보존 기간은 100년 정도야. 그러니 1억 년 이상 된 피에서 온전한 공룡 유전자를 얻기란 불가능해.

중생대는 어떤 지질 시대였나요?

'중생대'는 지질 시대 중 약 2억 4000만 년 전부터 6500만 년 전 사이에 해당하는 시기야. 크게 트라이아스기, 쥐라기, 백악기로 구분해. 트라이아스기에는 앵무조개를 닮은 암모나이트가 번성했고, 이것은 중생대의 '표준 화석'이란다. 또한 쥐라기에는 공룡이 번성하여 지구를 지배했고, 바다에는 어룡이, 하늘에는 익룡이 등장했단다. 백악기에는 소철류나 은행나무류와 같은 겉씨식물이 번성했어.

암모나이트

중생대의 자연 환경은 어땠나요?

지구본을 보면 여러 대륙이 흩어져 있지? 하지만 중생대 초까지만 해도 대륙은 모두 하나로 이어져 있었단다. 이를 '판게아'라고 하지. 다른 말로 '초대륙'이라고도 하는데, 시간이 지나면서 여러 대륙으로 나누어졌어. 그리고 중생대 때에는 빙하의 흔적이 발견되지 않는 것으로 보아, 전체적으로 기온이 따뜻했을 것으로 추정한단다.

공룡은 어떤 생물이었나요?

　공룡은 트라이아스기 후기에 시작하여 백악기 말까지 번성했던 육상 파충류 중 한 집단이야. 공룡은 영어로 '디노사우르(dinosaur)'라고 하는데, 1841년 영국의 고생물학자 리처드 오언이 지었어. 디노스(dinos)는 '무시무시한, 강력한'이라는 뜻이고, 사우르(saur)는 '도마뱀'이라는 뜻이란다. 공룡은 크게 두 종으로 나눌 수 있는데, 엉덩이뼈 모양이 새의 모양을 닮은 것을 '조반목', 도마뱀의 모양을 닮은 것을 '용반목'이라고 해.

천적이 없던 공룡은 왜 멸망했을까요?

중생대 공룡은 힘도 세고 빨라 천적이 없었단다. 그런데 왜 중생대 이후부터는 볼 수 없는 것일까? 짧은 시기에 모두 멸종한 데에는 여러 가지 가설이 있는데, 이 중 중생대 말에 지구에 커다란 운석 또는 소행성이 떨어졌다는 가설이 가장 인정받고 있단다.

1978년 이탈리아에서 중생대와 신생대의 경계에 해당하는 지층에 두께가 약 1cm인 갈색 점토의 지층을 발견했어. 그런데 그 속에는 '이리듐'이라고 하는 특별한 물질이 많이 들어 있었단다. 이리듐은 희귀한 물질로, 운석이나 소행성에 많이 포함된 금속이야. 과학자들은 이것을 보고 중생대와 신생대 사이에 아주 큰 소행성의 충돌이 있었을 거라고 추론했단다. 그리고 이것을 공룡의 멸종 원인으로 생각했지.

이들의 주장에 따르면 지름이 약 10km인 소행성이 지구에 충돌하였고, 시속 수백km의 엄청난 열 폭풍에 휩싸여 지구는 순식간에 불바다가 되었을 거라고 해. 또한 많은 먼지가 대기권에 분출되어 태양 빛이 수개월 동안 차단되어 식물들은 광합성을 하지 못했을 거야. 이로 인해 먹이 사슬이 파괴되어 공룡이 굶어죽었을 거라고 짐작한단다.

이밖에도 다른 가설들이 있지만 포유류를 비롯한 몇몇 생물들이 살아남은 데 반해 공룡은 한 종류도 남지 않고 멸종된 것은 아직도 풀리지 않은 수수께끼라고 할 수 있단다.

정리해 볼까요?

1. **중생대**는 지질 시대 중 약 2억 4000만 년 전부터 6500만 년 전까지의 시기이다.
2. 중생대는 트라이아스기, 백악기, 쥐라기로 구분한다.
3. 중생대를 대표하는 표준 화석은 암모나이트와 공룡이다.

인류의 역사가 시작됐다! 신생대

신생대는 지질 시대 중 약 6500만 년 전부터 인류의 역사가 시작되기 전까지의 시기이다.

가능성 ★★★
기여도 ★★★
난이도 ★★★★★
선호도 ★★★★

호기심을 따라가면 개념이 보여요

사람은 언제부터 살았을까?

→

인류가 최초로 등장한 것은 **신생대**야.

→

신생대에는 인간 외에도 다양한 포유류가 번성했어. 그래서 신생대를 포유류의 시대라고도 해!

신생대는 어떤 지질 시대였나요?

'신생대'는 지질 시대 중 약 6500만 년 전부터 인류의 역사가 시작하기 전에 해당하는 시기야. 신생대는 빙하가 시작된 시기를 경계로 3기와 4기로 나누어져. 대부분의 생물들이 이때 나타났는데 바다에서는 화폐석이, 육지에서는 넓은 초원을 기반으로 코끼리를 닮은 매머드가 등장했어. 속씨식물이 전 지구적으로 번성한 것도 바로 이때란다. 그리고 신생대가 끝날 무렵 인류의 조상이 지구상에 처음으로 등장했어.

인류의 지나친 사냥으로 멸종된 매머드 화석

신생대의 자연 환경은 어땠나요?

신생대는 초기에는 습한 기후였으나 여러 차례 빙하기와 간빙기가 반복되었어. 신생대의 3기 때는 하나로 이어졌던 대륙들이 분리됐고, 4기에 이르러 오늘날과 같은 육지와 바다 모양이 형성되었단다. 지금 우리가 볼 수 있는 큰 산맥과 높은 고원들은 이때 형성되었지.

> **교과서 속의 신생대**
>
> 포유류 시대 : 현재와 가까우므로 지질 시대 중 화석이 가장 풍부하다. 식물로는 속씨식물이, 동물로는 포유류가 번성하였다.
>
> 매머드와 같은 일부 생물은 멸종하기도 하였으나, 대부분은 현재까지 번성하고 있다.

인류는 어떻게 전 세계에 퍼져 살게 되었을까요?

분자 생물학의 발전으로 현재 인류의 이동 경로가 자

세히 밝혀지고 있단다. 이에 따르면 오늘날 인류의 조상인 현생 인류는 약 12만 년 전에 아프리카에서 이동하기 시작했다고 하는구나. 이들은 북으로 이동해 10만 년 전에는 아프리카 대륙을 벗어났고, 9만 년 전에는 지중해 서쪽에 도달했어. 그 후 3만 년이 지나지 않아 현생 인류는 중국 땅에 도착했지. 또한 5만 년 전에는 바다 건너 오스트레일리아 대륙에 들어갔어. 이렇게 보면 현생 인류의 이동 속도가 매우 빠른 것 같지만, 실제로는 1년에 약 1km도 안 되는 거리를 이동한 거란다.

또한 당시는 빙하기인 탓에 추운 유럽 대륙에는 접근하기 쉽지 않

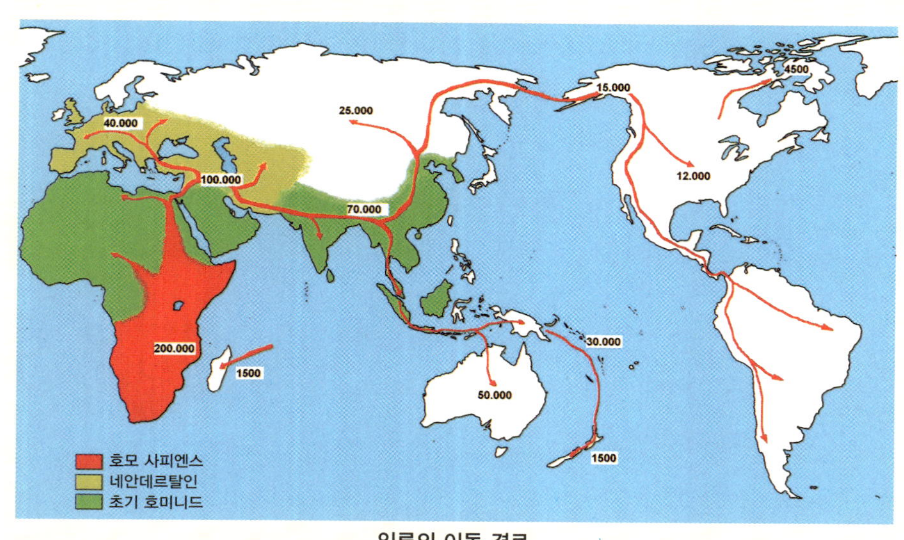

인류의 이동 경로

았어. 그래서 비교적 늦은 시기인 약 4만 년 전에야 정착할 수 있었지. 그 후 1만 8000년 전부터 1만 2000년 전 사이에 베링 해협의 바닷물이 빠져나간 덕분에 이 길을 건너 아메리카 대륙으로 이주할 수 있었어. 그리고 1만 2000년 전 무렵 이들은 칠레에 도달했단다. 가장 최근에 이동한 곳은 뉴질랜드로, 이들은 태평양을 건너 약 1500년 전에 건너갔다고 해. 이렇게 해서 현생 인류는 지구 곳곳에 골고루 퍼져 살게 되었단다.

정리해 볼까요?

1. **신생대**는 지질 시대 중 약 6500만 년 전부터 인류의 역사가 시작되기 전까지의 시기이다.
2. 신생대는 매머드, 말 등의 포유류가 번성하여 포유류의 시대라고도 한다.
3. 신생대가 끝나갈 무렵에 인류가 등장했다.

습곡

습곡은 지층이 양쪽에서 힘을 받아 굽어진 것이다.

가능성 ★★★★
기여도 ★★★
난이도 ★★★★
선호도 ★★★★

호기심을 따라가면 개념이 보여요

단단한 엿에 힘을 주면 부셔지지만 열을 받아 말랑해진 엿에 힘을 주면 휘어져.

→

단단한 암석으로 된 지층도 마찬가지야. 지층은 땅속 깊은 곳에서 높은 열과 압력을 받게 돼.

→

이때 외부에서 큰 압력을 주면 엿가락이 휘어지듯 구부러지는데 이렇게 휘어진 지층을 **습곡**이라고 해.

습곡이 뭐예요?

'습곡'은 암석이나 지층이 휘어진 구조를 말해. 습곡의 모양은 작용하는 힘의 크기에 따라 달라져. 그 크기는 수 센티미터에서 큰 것은 산맥을 이룰 정도로 다양하단다. 작은 암석 속에서도 습곡을 찾아볼 수 있는 것은 이 때문이지. 실제로 습곡은 규모가 큰 지층보다는 규모가 작은 암석에서 더 잘 볼 수 있어. 한눈에 보이기 때문이야. 암석이나 습곡이 휘어지는 것은 양쪽에서 압축하는 힘이 작용해서란다.

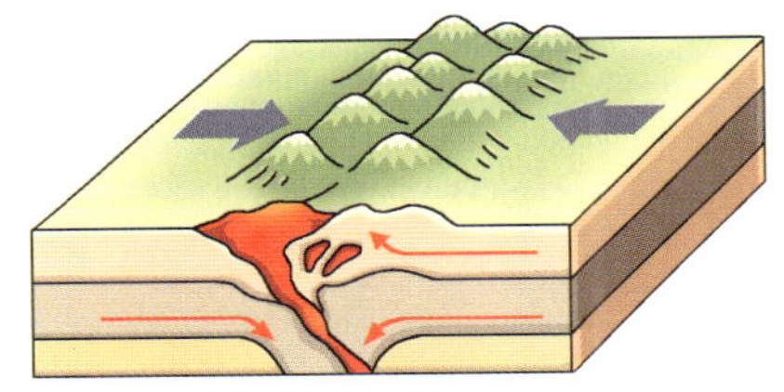
습곡 형성 과정

습곡의 구조는 어떻게 나누나요?

습곡은 지층이 휘어진 모양에 따라 '배사형'과 '향사형'으로 나누어져. 위를 향하여 볼록한 것은 배사형, 아래를 향하여 오목한 것은 향사형이라고 하지. 습곡은 구조에 따라 이루고 있는 지층의 연령도 달

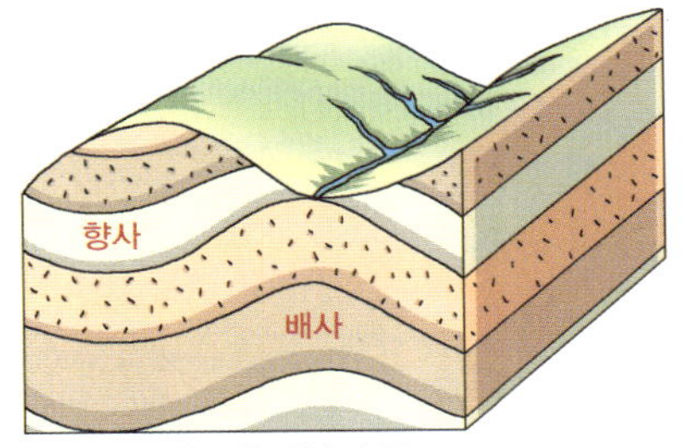

배사형, 향사형 습곡

라져. 배사 구조는 습곡의 가운데 부분에 오래된 지층이 있고, 바깥쪽
에 젊은 지층이 분포해. 반대로 향사 구조는 습곡의 가운데 부분에 젊
은 지층이, 바깥쪽에 오래된 지층이 분포한단다.

습곡은 어디에서 잘 볼 수 있나요?

큰 산맥을 가면 습곡을 잘 볼 수 있어. 세계적으로 규모가 큰 산맥
들은 대부분 습곡 산맥이거든. 대표적인 예로 아시아의 히말라야 산
맥, 유럽의 알프스 산맥, 아메리카의 안데스 산맥 등을 들 수 있어.

습곡 구조에서 석유가 잘 생긴다는데, 왜 그럴까요?

석유는 아주 오래전 지구에 살았던 동물이나 해양 미생물의 사체로 만들어졌단다. 생물의 사체는 조용한 바다나 호수의 밑바닥에 모래나 진흙과 함께 퇴적되어 보존돼. 그리고 오랜 시간이 지나 그 위로 퇴적물이 계속 쌓이면서 사체는 땅속 깊은 곳에 묻히게 되지. 땅속의 높은 압력과 온도, 특수한 박테리아의 활동으로 사체에서 서서히 화학 변화가 일어나 석유로 변한단다.

석유를 풍부하게 포함하고 있는 퇴적암을 저류암이라고 해. 그런데 저류암 속에 있는 석유는 뽑아내기 어려워. 시추공을 뚫었을 때 석유가 쉽게 시추공 내로 흘러들어 오지 않거든. 그래서 시추공으로 석유가 잘 흘러들어 오도록 석유를 저류암에서 다른 곳으로 이동시켜야

하는데, 이에 가장 적합한 것이 굵은 모래로 된 사암층이야. 또한 사암층으로 흐른 석유가 다른 곳으로 흘러들어 가지 않도록 막아 주는 지층이 필요한데, 이에 가장 적합한 것이 배사 구조의 지층이란다. 그래서 석유 탐사를 하는 지질학자들은 밑에는 사암으로 된 지층이, 위에는 배사 구조로 덮여 있는 지층을 찾는 데 온 힘을 다하고 있지. 그리고 이러한 배사 구조는 지층이 습곡 작용을 받아야 형성된단다.

정리해 볼까요?

1. **습곡**은 지층이 양쪽에서 힘을 받아 굽어진 것이다.
2. 습곡은 위로 휘어져 올라간 부분을 배사, 아래로 휘어져 내려간 부분을 향사라고 한다.
3. 습곡은 큰 산맥뿐만 아니라 작은 암석에서도 발견할 수 있다.

지층이 끊어져! 단층

단층은 지진 등의 지각 변동으로 지층이 어긋난 것이다.

가능성 ★★★★
기여도 ★★★
난이도 ★★★★
선호도 ★★★★

호기심을 따라가면 개념이 보여요

지층에 힘을 많이 주면 휘어지잖아. 더 많은 힘을 주면 어떻게 될까?

끊임없이 늘어나는 용수철도 일정 한계를 넘어서면 끊어져. 지층도 일정 한계가 있어.

그래서 일정 이상의 힘을 주면 더 이상 휘지 않고 부러져. 이처럼 지층이 부러진 것을 **단층**이라고 해.

단층이 뭐예요?

지층에 압력이 가해지면 휘어져 습곡이 생기지만, 지층에 가해지는 힘이 점점 커져 어느 한계를 넘으면 암석이 갈라져 어긋난단다. 이것을 '단층'이라고 해. 이때 끊어져 생긴 지층의 면은 '단층면'이라고 해.

단층의 종류에는 어떤 것이 있나요?

단층에서 기울어진 단층면의 위쪽에 있는 부분을 '상반'이라고 하

고, 아래에 있는 부분을 '하반'이라고 해. 지층이 어긋나는 모양은 지층에 작용하는 힘의 방향에 따라 각기 다르게 나타난단다.

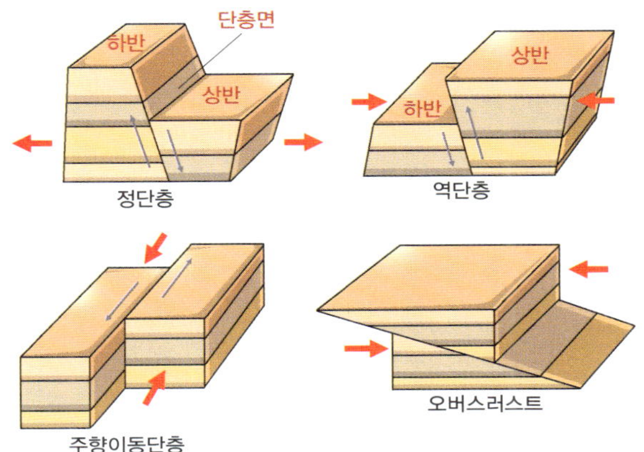

지층에 작용된 힘의 방향에 따라 형성된 여러 가지 단층

그림처럼 서로 반대 방향으로 잡아당기는 힘이 작용하면 상반이 미끄러져 내려가지. 이러한 단층을 '정단층'이라고 해. 이와 반대로 서로 마주 보는 방향으로 미는 힘이 작용하면 상반이 위로 올라가. 이러한 단층을 '역단층'이라고 한단다.

단층은 왜 생기나요?

겉에서 보기에 지구 표면을 덮고 있는 판들은 움직이지 않고 항상 제자리에 있는 것 같아. 하지만 자세히 살펴보면 판들이 서로 다른 방향으로 서서히 이동하고 있단다. 그리하여 붙어 있던 판들이 멀어지거나 판끼리 충돌하거나 비껴 지나가게 돼. 이러한 판의 움직임으로 단층이 생기는 거야.

또한 단층은 폭발하거나 커다란 지하 동굴이 무너지거나 핵폭탄이 터질 때도 생겨. 따라서 단층 모양을 통해 과거에 이곳에서 작용한 지각 변동의 종류, 그 힘의 방향과 크기를 가늠할 수 있단다.

교과서 속의 단층 지층에 양쪽에서 잡아당기는 힘이 작용하면 상반이 내려가서 정단층이 생기고, 그 반대로 양쪽에서 미는 힘이 작용하면 상반이 올라가서 역단층이 생긴다.

세계에서 가장 큰 단층이 있는 곳은 어디예요?

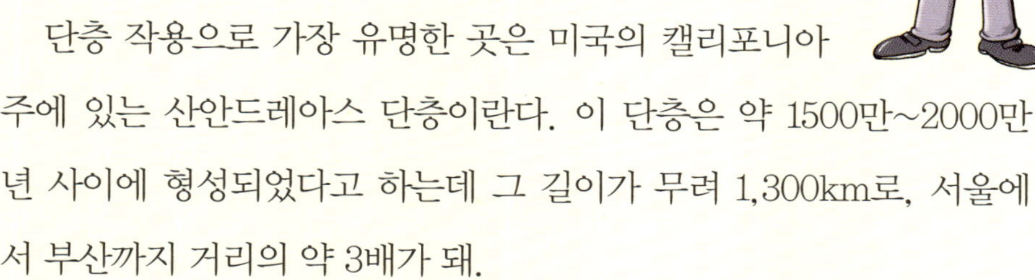

단층 작용으로 가장 유명한 곳은 미국의 캘리포니아 주에 있는 산안드레아스 단층이란다. 이 단층은 약 1500만~2000만 년 사이에 형성되었다고 하는데 그 길이가 무려 1,300km로, 서울에서 부산까지 거리의 약 3배가 돼.

산안드레아스 단층은 서쪽에 있는 태평양판이 북서 방향으로 1년에 약 0.5cm 속도로 동쪽에 있는 북아메리카 판을 스쳐 지나가면서 생긴 마찰로 발생한 단층이야. 이 단층은 지금도 활동 중이어서 캘리

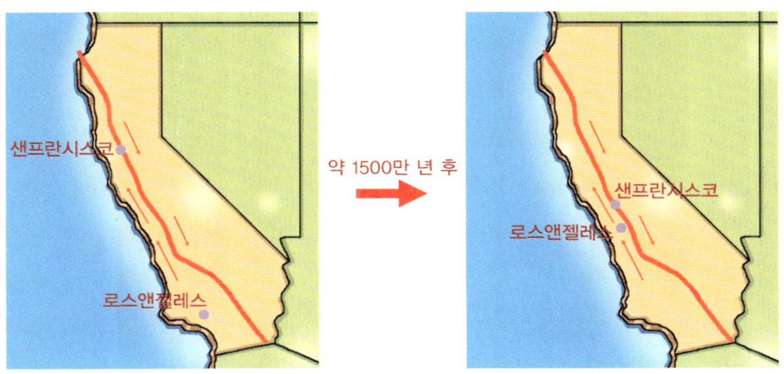

로스앤젤레스와 샌프란시스코의 위치

포니아 주에서는 해마다 수천 번의 크고 작은 지진이 일어나고 있어.

산안드레아스 단층은 멕시코의 캘리포니아 만에서 시작해 미국의 로스앤젤레스와 샌프란시스코를 지난 후 태평양으로 이어져. 과학자들의 연구에 의하면 이 두 도시가 산안드레아스 단층을 경계로 서로 움직여 1500만 년 후에는 가까워질 거라고 해.

정리해 볼까요?

1. **단층**은 지진 등의 지각 변동으로 지층이 어긋난 것이다.
2. 정단층은 서로 반대 방향으로 잡아당기는 힘으로 상반이 미끄러져 내려간 단층이다.
3. 역단층은 양쪽에서 미는 힘으로 상반이 위로 올라간 단층이다.

솟아오르거나 내려앉거나 조륙 운동

조륙 운동은 넓은 지역의 땅이 융기하거나 침강하는 현상이다.

호기심을 따라가면 개념이 보여요

어, 여기는 산인데 조개가 있네. 누가 조개를 가져다 놓은 걸까?

그게 아니라 조개는 옛날 이 산이 바닷속에 있었는데 육지 위로 솟아올랐다는 증거야.

땅은 오랜 세월을 두고 위아래로 움직이거든. 이런 것을 **조륙 운동**이라고 해

조륙 운동이 뭐예요?

'조륙 운동(造陸運動)'의 한자를 풀어 보면 '육지를 만드는 운동'이라는 뜻을 가지고 있어. 조륙 운동은 땅이 위로 솟아올라 육지가 되거나 아래로 내려앉아 바다를 덮는 현상이야. 즉 지반의 융기와 침강 현상을 뜻한단다. 땅 위로 솟아오르는 것을 융기, 땅 아래로 내려앉는 것을 침강이라 하거든.

조륙 운동은 왜 일어나나요?

조륙 운동이 일어나는 까닭은 지각이 아래 그림처럼 밀도가 큰 맨틀 위에 떠 있기 때문이야.

육지가 비와 바람에 의해 침식되어 가벼워지면 솟아오르고, 퇴적되어 무거워지면 가라앉는 원리란다.

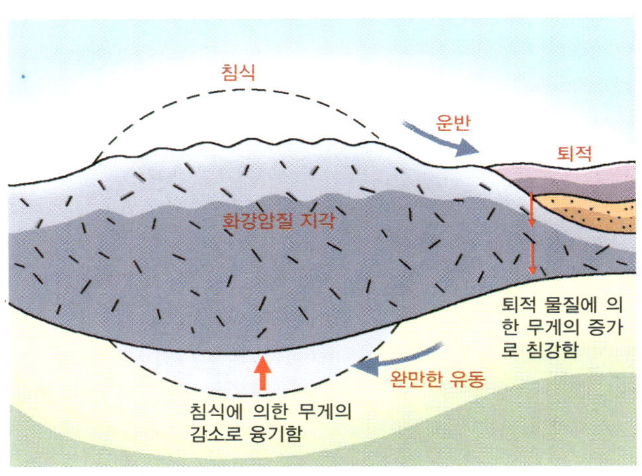

침강과 융기의 과정

예를 들어 조그만 배에 많은 짐을 실으면 배가 밑으로 가라앉고, 짐을
빼면 배가 원래대로 올라오잖아. 그것과 같은 이치야.

조륙 운동의 증거는 어디에서 볼 수 있나요?

조륙 운동의 증거는 세계 곳곳에서 볼 수 있어. 태종대나 정동진의
해안 단구, 스칸디나비아 반도는 융기의 증거이며, 리아스식 해안이
나 피오르드는 침강의 증거란다.

그중 스칸디나비아 반도에 대해 살펴보도록 하자꾸나. 옛날 스칸디
나비아 반도는 빙하가 두껍게 쌓여 있었어. 그런데 점점 기온이 올라가

면서 스칸디나비아 반도를 누르고 있던 빙하가 녹자, 그 밑에 있던 땅이 조금씩 위로 솟아올랐단다. 지금도 1년에 약 2cm씩 상승하고 있다고 해. 그 결과 예전에 없던 호수와 강이 많이 생겨났어. 또한 계단식 단구가 많이 발달했고, 해양 식물이나 해양 생물의 화석이 발견되었단다.

우리나라의 남해안에는 섬이 많고 해안선이 매우 복잡하다. 이것은 육지가 해수면 아래로 천천히 가라앉아 만들어졌기 때문이다. 한편 동해안에는 섬이 많지 않고 해안선이 비교적 단순한데, 이것은 육지가 해수면 위로 천천히 솟아올랐기 때문이다. 이와 같이 지표면이 서서히 침강 또는 융기하는 운동을 조륙 운동이라고 한다.

우리나라에서도 조륙 운동이 일어나나요?

우리나라에서도 조륙 운동이 일어난단다. 먼저 강원도로 가볼까? 오래전 강원도 일대는 바다였단다. 그 증거로 태백시 구문소 지역 산기슭에서 고생대 시대 때 바다에 살았던 삼엽충의 화석이 많이 발견되었어. 바다에 살던 삼엽충이 어떻게 높은 산 위로 올라갈 수 있었을까? 이는 태백시를 포함한 강원도 일대

태백시 구문소는 석기 시대의 광물이 발견되면서 2000년 천연기념물 제417호로 지정됐다.

의 땅이 아주 오래전에는 바다였는데, 시간이 흐르면서 바다 위로 솟아올랐다는 의미란다.

이번에는 바다로 가볼까? 우리나라 남해나 황해는 리아스식 해안으로 해안선이 매우 복잡하고, 약 2,300개나 되는 아름다운 섬들이 있단다. 그런데 사실 이 섬들이 원래는 육지였다는 사실 알고 있니? 약 1만 년 전에 이 일대가 바닷속으로 가라앉으면서 섬이 된 거란다. 물론 기온이 높아져 빙하가 녹으면서 바닷물의 높이가 높아진 것도 하나의 이유이기도 하지. 조륙 운동은 세계 모든 대륙에서 일어나는 현상이란다.

정리해 볼까요?

1. **조륙 운동**은 넓은 지역의 땅이 융기하거나 침강하는 현상이다.
2. 융기의 증거로는 태종대나 정동진의 해안 단구, 스칸디나비아 반도 등이 있다.
3. 침강의 증거로는 리아스식 해안이나 피오르드 등이 있다.

땅아~ 솟아라! 조산 운동

조산 운동은 바다 밑의 퇴적 지층이 습곡이나 단층 작용에 의해 지각이 융기되어 큰 산맥이 되는 과정이다.

호기심을 따라가면 개념이 보여요

이번 휴가 때는 바다에 놀러 갈까? 산에 놀러 갈까?

→

고민하지 마. 바다와 산은 원래 하나와 마찬가지야. 바다가 산이 되기도 하거든.

→

바다 밑에 있던 지층이 습곡 작용으로 구부러지며 솟아올라 산이 형성되거든. 이러한 현상을 **조산 운동**이라고 하며 큰 산맥들은 이러한 작용으로 만들어졌어.

조산 운동이 뭐예요?

'조산 운동(造山運動)'의 한자를 풀어보면 '산을 만드는 운동'이라는 뜻을 가지고 있어. 즉 히말라야 산맥이나 알프스 산맥 그리고 우리나라의 소백산맥과 같은 산맥을 만드는 지각 변동을 조산 운동이라고 해.

조산 운동은 왜 일어나나요?

18세기 말 지질학자들은 히말라야 산맥을 탐사한 후 놀라운 사실을 발견했단다. 히말라야 산맥은 과거 바다 밑에 두껍게 퇴적된 지층

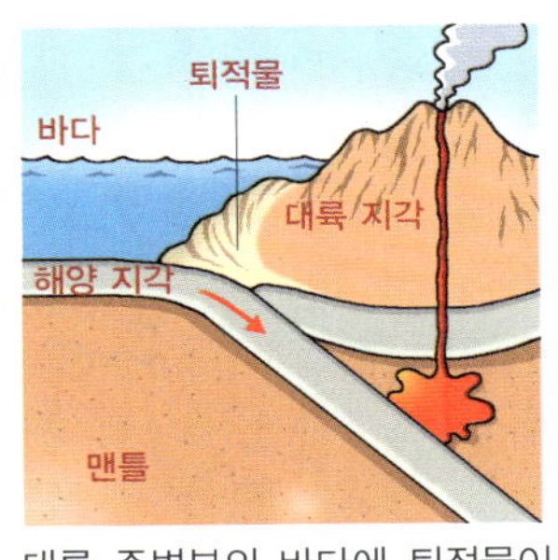

대륙 주변부의 바다에 퇴적물이 두껍게 쌓여 퇴적층을 이룬다.

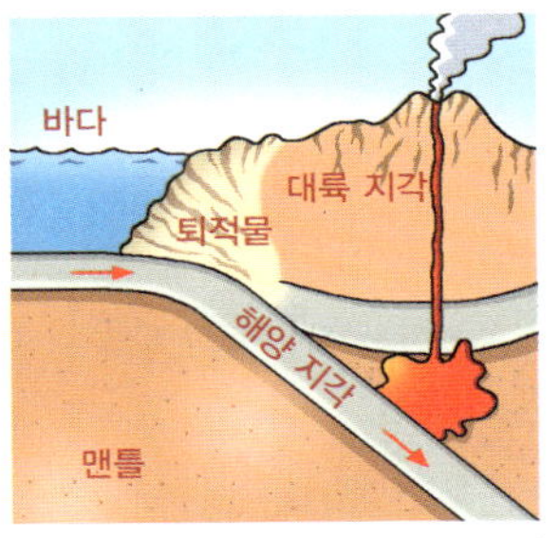

퇴적층이 오랜 시간 동안 수평 방향으로 힘을 받아 심하게 습곡된다.

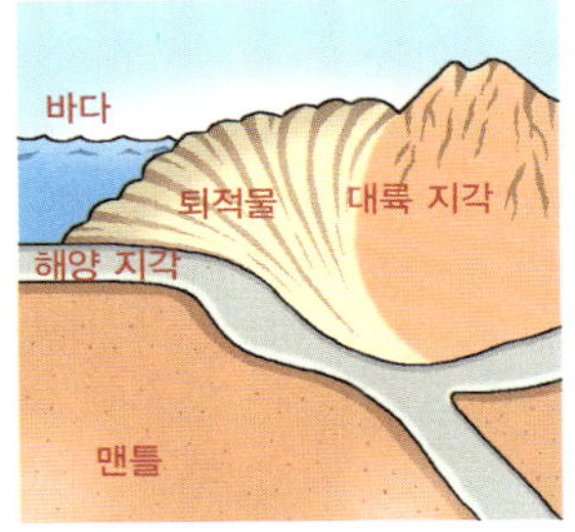

깊이 침강한 퇴적층이 다시 위로 융기함으로써 높은 습곡 산맥을 형성한다.

조산 운동의 과정

이 습곡 작용을 받아 형성된 것이었어. 지질학자들은 어떻게 이런 일이 일어났는지 연구하여 다음과 같은 사실을 알아냈어.

지금으로부터 약 1억 년 전, 적도 남쪽에 있던 인도 대륙과 유라시아 대륙 사이의 바다에는 두꺼운 퇴적층이 쌓여 있었어. 그런데 인도 대륙이 북쪽으로 이동하면서 유라시아 대륙과 충돌하여 아래로 파고들게 되었지. 이때 해저에 있던 퇴적층이 밀려 올라가면서 심한 습곡과 단층이 생겼고 마침내 히말라야 산맥이 형성되었단다.

교과서 속의 조산 운동

로키 산맥, 안데스 산맥, 알프스 산맥 등과 같은 세계적으로 큰 산맥들은 이와 같은 조산 운동에 의해 만들어진 습곡 산맥으로 알려져 있다.

우리나라에서도 조산 운동이 있었나요?

조산 운동이 가장 심했던 지역은 놀랍게도 우리

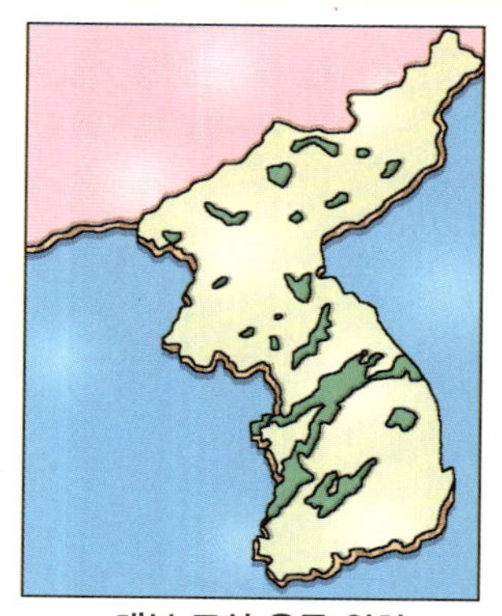

대보 조산 운동 위치

나라였단다. 우리나라에서 지각 변동이 가장 심했던 시대는 중생대였는데, 이때 최고 규모의 지각 변동이 일어났어. 이를 '대보 조산 운동'이라고 하지. 대보 조산 운동은 한반도 전역에 걸쳐 일어났던 격렬한 지각 변동으로, 이때 일어난 심한 습곡과 단층 작용으로 거의 모든 지층이 심한 변동을 일으켰어. 그 영향으로 소백산맥과 같은 습곡 산맥과 규모가 큰 호수가 형성됐지. 또한 예전에는 화산 활동이 활발해서 넓은 지역에 걸쳐 화강암이 만들어졌어. 이 화강암이 땅 위로 노출되면서 만들어진 것이 지금의 북한산과 관악산 등이란다.

정리해 볼까요?

1. **조산 운동**은 바다 밑의 퇴적 지층이 습곡이나 단층 작용에 의해 지각이 융기되어 큰 산맥이 되는 과정이다.
2. 조산 운동으로 히말라야 산맥과 소백산맥 등이 형성됐다.

대륙 이동설은 지구의 대륙이 하나로 뭉쳐 있다가 지각 변동으로 인해 나누어졌다는 지질학 이론이다.

가능성 ★★★★★
기여도 ★★★★
난이도 ★★★★
선호도 ★★★★★

호기심을 따라가면 개념이 보여요

옛날에는 미국과 아프리카가 하나로 붙어 있었다는데, 정말이야?

→

응. 세계 지도를 보던 베게너가 해안선 모양이 퍼즐처럼 딱 들어맞는 걸 보고 연구하기 시작했어.

→

그는 지구 대륙은 애초에 하나로 지각 변동으로 나누어진 거라고 주장했어. 이것을 **대륙 이동설**이라고 해.

대륙 이동설이 뭐예요?

1915년 독일의 과학자 베게너는 우리가 살고 있는 대륙은 원래 하나였는데, 지각 변동으로 분리되었다는 '대륙 이동설'을 주장했어. 보통 사람들은 감히 상상하기도 어려운 엉뚱한 주장이었지. 베게너는 약 3억 년 전 지구에는 판게아라는 아주 커다란 한 개의 대륙이 있었는데, 그것이 아주 느린 속도로 움직여서 오늘날의 5대양 6대주로 나누어졌다고 말했어.

대륙 이동설을 뒷받침하는 증거가 있나요?

베게너는 대륙 이동설의 이론을 뒷받침하기 위해 여러 증거를 내놓았단다. 우선 히말라야 산맥과 같은 거대한 산맥이 그 첫 번째 증거였지. 대륙의 이동으로 조산 운동이 일어나면서 거대한 산맥이 형성되었다는 거야.

두 번째 증거는 멀리 떨어져 있는 대륙들의 지질 구조를 내세웠어. 북아메리카의 애팔래치아 산맥과 스코틀랜드에 있는 칼레도니아 산맥이 지금은 아주 멀리 떨어져 있지만 두 산맥의 지질 구조는 연속적으로 이어진다는 거야.

세 번째 증거는 고생대 말기의 지층 속에서 발견되는 빙하의 흔적이었어. 빙하의 흔적은 현재 열대나 온대 지방에 속하는 남아메리카, 아프리카, 인도, 오스트레일리아 등지에 분포되어 있어. 그런데 더운 지방에 빙하가 존재할 수 없으므로 애초 하나의 대륙이었다는 해석이지. 그 외에도 남아메리카와 아프리카 해안선이 잘 들어맞고, 멀리 떨어진 대륙에서 같은 종의 화석이 발견되며, 서로 멀리 떨어진 대륙의 지층과 산맥이 연결된다는 것 등을 대륙 이동의 증거로 들었단다. 하지만 사람들은 베게너가 제시한 구체적인 증거들을 보고도 오랫동안 그의 말을 받아들이지 않았어.

독일의 과학자였던 베게너는 1915년에 출판된 『대륙과 해양의 기원』이라는 책에서 남아메리카와 아프리카 대륙이 원래는 붙어 있었는데, 서서히 이동하여 현재와 같은 분포를 이루게 되었다는 '대륙 이동설'을 주장하였다.

베게너의 대륙 이동설은 왜 인정받지 못했나요?

베게너의 대륙 이동설은 아주 혁명적인 과학 이론이란다. 하지만 당시에는 사람들에게 인정을 받지 못했어. 거대한 대륙을 움직이게 하는 힘의 근원을 밝히지 못했거든. 또한 46억 년이나 되는 지구의 역사 속에서 판게아가 분열한 시기는 고작 2억 년밖에 되지 않는다는 사실이 불합리하게 보이기도 했겠지.

이와 같이 여러 가지 이유들 때문에 대륙 이동설이 인정받지 못하자, 베게너는 몸을 아끼지 않고 자신의 주장을 뒷받침할 증거를 찾아 나섰어. 그는 "우리는 진실을 밝히기를 꺼려하는 피고를 대하는 판사의 심정으로 상황 증거를 통해 진실을 밝히겠다."라는 말을 하고, 세계 곳곳을 탐사하며 자료를 모았지. 하지만 1930년 마지막 북극 탐험에 나선 그는 부하들에게 줄 물품을 공급하러 나선 후 실종되어 목숨을 잃었단다. 나중에 대륙의 이동이 여러 차례 반복되었다는 것이 밝혀지면서 베게너는 지구 과학계에서 위대한 과학자가 될 수 있었어. 뒤늦게 영예를 받은 경우란다.

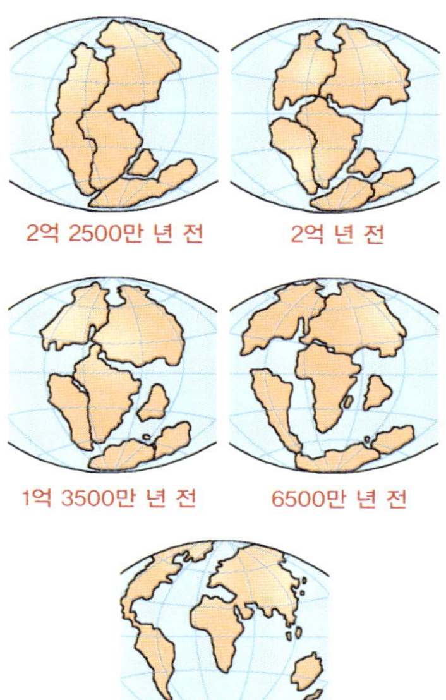

대륙 이동 과정

1. **대륙 이동설**은 지구의 대륙이 하나로 뭉쳐 있다가 지각 변동으로 인해 나누어졌다는 지질학 이론이다.
2. 대륙 이동설은 독일의 과학자 베게너가 주장한 이론이다.
3. 대륙 이동설의 증거로는 남아메리카와 아프리카 해안선이 잘 들어맞고, 멀리 떨어진 대륙에서 같은 종의 화석이 발견되며, 서로 멀리 떨어진 대륙의 지층과 산맥이 연결된다는 것 등이 있다.

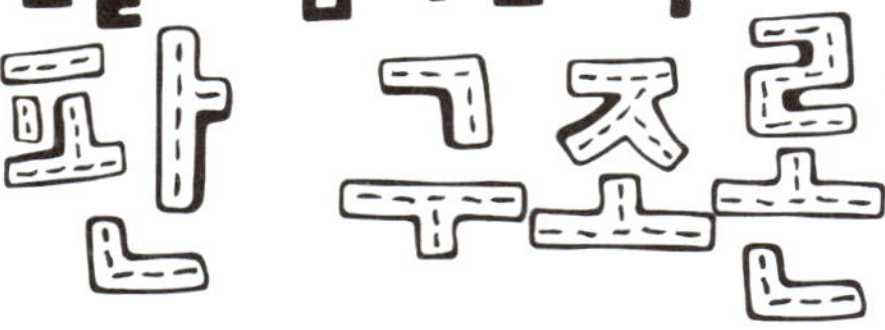

판 구조론은 지각이 여러 개의 판으로 나누어져 있으며, 이들이 이동하면서 여러 가지 지각 변동을 일으킨다는 지질학 이론이다.

가능성	★★★★★
기여도	★★★★★
난이도	★★★★★
선호도	★★★★★

호기심을 따라가면 개념이 보여요

오늘날 지구에서 일어나는 대부분의 지질 운동은 **판 구조론**으로 설명할 수 있다는데, 그게 뭐지?

→

1960년대에 들어와 베게너의 대륙 이동설을 바탕으로 등장한 새로운 이론이야.

→

판 구조론이란 지구가 여러 개의 단단한 암석으로 이루어진 판으로 되어 있고, 이러한 판들이 움직이면서 지각 변동을 일으킨다는 이론이야.

판 구조론이 뭐예요?

‘판’은 지구의 가장 바깥에 있는 딱딱한 층으로, 암석권이라고도 해. 지구의 가장 겉 부분인 지각과 그 아래에 있는 맨틀의 윗부분을 말하지. 지구를 덮고 있는 판이 쟁반과 같이 생겼다 하여 영어로는 ‘플레이트(plate)’라고 해. 해양 지각을 포함하는 판을 ‘해양판’, 대륙 지각을 포함하는 판을 ‘대륙판’이라고 해. 판 구조론은 이런 판들이 움직이면서 화산 작용, 지진 활동, 습곡 형성 등의 여러 가지 지각 변동을 일으킨다는 이론이야.

지각은 여러 개의 판으로 이루어져 있다.

판이 움직이면 어떤 일이 일어나나요?

판이 서로 마주하는 곳은 크게 세 가지 형태를 보여. 서로 마주쳐 부딪히는 곳, 서로 반대 방향으로 벌어지는 곳 그리고 서로 비껴 지나가는 곳이 있어. 지구에서 일어나는 지진이나 화산 활동과 같은 대부

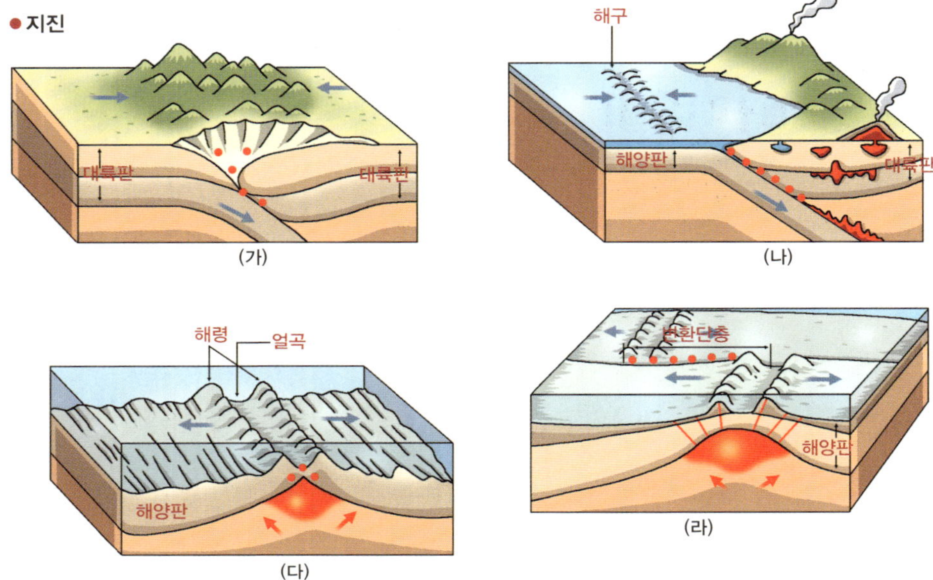

대륙판과 대륙판이 충돌하거나(가) 해양판과 대륙판이 충돌하는 곳(나)에서는 습곡 산맥이 형성되고, 해양판과 해양판이 서로 멀어지는 곳(다)에서는 해령이, 판과 판이 서로 비껴지나가는 곳(라)에서는 변환 단층이 생긴다.

분의 지각 변동은 모두 이곳에서 일어난단다. 지구가 살아 있음을 확실하게 경험할 수 있는 곳이지.

판은 무슨 힘으로 움직이나요?

맨틀은 지구에서 가장 많은 양의 부피를 차지하는, 지각 아래에 있는 층이야. 온도가 높아 고체이면서도 액체처럼 움직이는 까닭에 지구 내부의 열을 받아 대류 현상을 일으킨단다. 판은 그 위에 있기 때

문에 맨틀의 움직임에 따라 함께 움직여. 즉 맨틀의 대류 현상이 판을 움직이는 거야.

교과서 속의 판 구조론

1960년대에 들어와서 바다 밑 지형의 구조가 밝혀지고 지각 변동의 원인에 대한 연구가 활발하게 진행되면서 여러 학자들에 의해 판 구조론이라는 새로운 이론이 발표되었다. 이 학설에 따르면 지구의 겉 부분은 지각과 맨틀의 윗부분으로 이루어진, 두께 100km 정도의 몇 개의 판으로 나누어져 있는데, 이 판들이 움직임에 따라 그 위에 얹혀 있는 대륙도 이동한다는 것이다.

247

지진은 어디에서 많이 일어나나요?

세계 어느 곳이라도 진도 4 이상의 지진은 완전한 관측이 가능해졌어. 그 후 지진이 일어난 장소를 세계 지도에 표시했더니 태평양을 둘러싼 지역을 비롯해 히말라야 산맥 및 페르시아(터키)와 알프스에 이르는 지역, 대서양과 동태평양 해저 산맥 등에 집중적으로 지진대가 모여 있다는 사실을 알게 됐어. 또한 지진은 판과 판의 충돌로 발생한다는 것도 알게 됐지. 화산 역시 판과 판의 경계에서 일어나. 판과 판이 부딪힐 때 생기는 엄청난 마찰열에 의해 암석이 녹아 마그마가 형성되는데, 그것이 지각의 갈라진 틈 사이로 분출하면서 화산이 만들어지거든. 가장 유명한 곳으로 환태평양 화산대를 들 수 있어. 현재 활동하고 있는 화산의 절반 이상이 이곳에 집중되어 있단다.

정리해 볼까요?

1. **판 구조론**은 지각이 여러 개의 판으로 나누어져 있으며, 이들이 이동하면서 여러 가지 지각 변동을 일으킨다는 지질학 이론이다.
2. 판과 판이 부딪치는 경계면에서는 지진이나 화산 활동 등의 지각 변동이 일어나고, 습곡 산맥이나 해저 산맥 등과 같은 새로운 지형이 형성된다.

물의 순환과 날씨 변화

수증기가 너무 많아! 포화 상태

포화 상태는 공기가 최대한의 수증기를 포함하고 있는 상태이다.

가능성 ★★★★
기여도 ★★★★★
난이도 ★★★★★
선호도 ★★★★★

호기심을 따라가면 개념이 보여요

가뭄이 심각해서 농부들의 얼굴에 근심이 가득해. 비는 어떻게 내리는 걸까?

바다나 강, 호수 등지에서 증발한 물은 기체 상태의 수증기가 되어 공기 중에 떠다녀. 공기의 온도가 내려가면 수증기가 물방울이 돼.

공기 속에 최대한의 수증기를 포함한 상태를 **포화 상태**라고 해. 그리고 그 물방울들이 모여 구름이 되고 비가 되어 내리는 거야.

포화 상태가 뭐예요?

공기 속에 최대한의 수증기를 갖고 있는 상태를 '포화 상태'라고 해. 밀폐된 병에 물이 반쯤 담겨 있다고 해 보자. 병 안의 물은 서서히 증발될 거야. 시간이 어느 정도 지나면 공간이 한정되어 있기 때문에 공기가 수용할 수 있는 수증기량이 한계에 이르러. 이때부터 수면에서 공기 중으로 튀어나오는 물 분자의 수와 공기 중에서 수면으로 돌아가는 물 분자의 수가 비슷해져. 그래서 겉에서 볼 때 더 이상 물이 증발하지 않는 것처럼 보이는데, 이 상태를 포화 상태라고 하지.

액체의 증발 모형

수증기가 많으면 어떻게 되나요?

포화 상태에 이른 공기에 억지로 수증기를 집어넣으면 어떻게 될까? 공기 중에 들어갈 자리가 없기 때문에 수증기는 물방울로 변해 그릇이나 바닥에 고이게 돼. 이처럼 포화 상태에서 수증기가 물방울로 변하는 것을 '응결'이라고 한단다.

이슬점이 뭐예요?

'이슬점'은 이슬이 생기는 온도라는 뜻으로, 포화 상태에 이르러 수
증기가 응결되어 물방울로 변할 때의 온도를 말해. 다시 말해 응결 온
도란다. 이슬점은 공기 중의 수증기량에 따라 달라지는데, 수증기량
이 많으면 높아지고 적으면 낮아져.

공기 속에 포함될 수 있는 수증기의 양에는 한계가 있다. 공기가 수증기를 최대한 포함하고 있는 상태를 포화 상태라고 하며, 이때 포화된 공기 $1m^3$ 속에 들어 있는 수증기의 양(g)을 포화 수증기량이라고 한다.

안개는 왜 생길까요?

안개는 이슬과 비슷한 과정을 통해 생긴단다. 둘 다 공기 중에 포함되어 있는 수증기가 포화 상태에 이르러 물방울이 된 것으로, 크기만 다를 뿐이야. 풀잎에 맺혀 있는 큰 물방울은 이슬이고, 공기 중의 작은 물방울은 안개인 셈이지.

특히 안개는 새벽에 잘 생겨. 밤새 냉각된 지면은 새벽 무렵이 되면 가장 온도가 떨어져. 이로 인해 지표 위의 공기가 냉각돼. 온도가 낮을수록 이슬점도 낮아지기 때문에 공기 중에 있던 수증기가 포화 상태에 이르러. 그러다 온도가 더 내려가면 수증기가 물방울이 되어 우리 눈에 보이는 거야.

꼭 새벽이 아니더라도 안개가 생기는 곳이 있어. 바로 산이란다. 산에는 나무가 많은데, 광합성 작용을 하면서 잎으로 수증기를 내보

안개와 이슬은 같은 종류지만 크기가 다르다.

내. 이것을 증산 작용이라고 해. 산은 고도가 높고 높은 곳일수록 기온이 낮으므로 증산 작용으로 배출된 수증기는 쉽게 응결 현상을 일으키지. 따라서 수증기가 많고 온도가 낮은 산에서 안개를 쉽게 볼 수 있는 거란다.

정리해 볼까요?

1. **포화 상태**는 공기가 최대한의 수증기를 포함하고 있는 상태이다.
2. 포화 상태에서 수증기가 조금 더 많아지거나 온도를 낮추면 응결 현상이 일어나 물방울이 맺힌다.
3. 이슬점은 이슬이 생기는 온도이며 수증기량에 따라 달라진다.

공기 중 수증기의 양! 습도

습도는 공기의 습한 정도이다.

가능성 ★★★
기여도 ★★★★★
난이도 ★★★★★
선호도 ★★★★★

호기심을 따라가면 개념이 보여요

우와! 날씨가 너무 더워. 날씨가 더우니깐 기분이 나빠져. 왜 그럴까?

덥고 습도가 높기 때문이야.

습도는 공기의 습한 정도를 말하는데, 습도가 높아질수록 불쾌 지수가 높아져. 불쾌 지수가 86% 이상이 되면 사람들은 불쾌감을 느껴 사고나 싸움이 날 확률이 크다고 해.

습도가 뭐예요?

공기 중에 수증기가 많으면 습하다고 하고, 수증기가 적으면 건조하다고 해. 이처럼 공기가 습한 정도를 '습도'라고 한단다. 일기 예보에서 말하는 습도는 공기 중 수증기의 포화 정도를 백분율로 나타낸 '상대 습도'야. 상대 습도는 다음의 식을 이용하여 구할 수 있어. 습도의 단위는 %를 쓰고 '퍼센트'라고 읽어.

$$상대\ 습도(\%) = \frac{현재\ 공기\ 속에\ 포함된\ 수증기량}{현재\ 기온에서의\ 포화\ 수증기량} \times 100$$

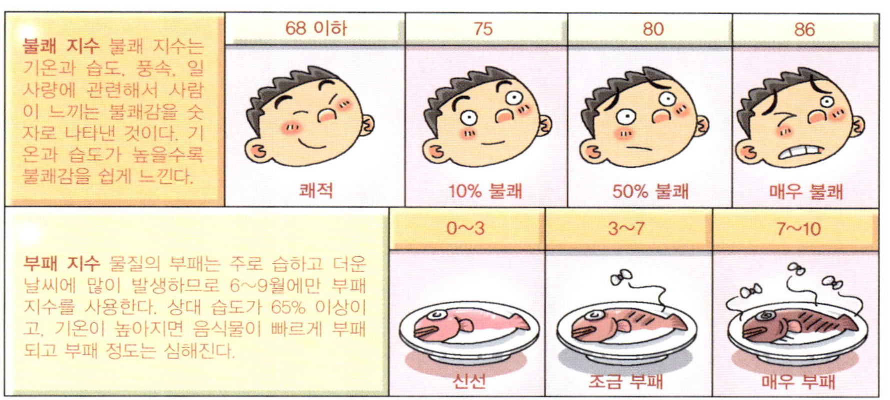

습도와 우리 생활과의 관계

습도는 어떻게 재나요?

공기의 습한 정도를 알기 위해서는 습도계를 사용하면 되는데, 가장 흔히 쓰는 습도계로는 '건습구 습도계'가 있어. 건습구 습도계는 습구 온도계와 건구 온도계 두 개를 활용해 물이 증발하는 정도

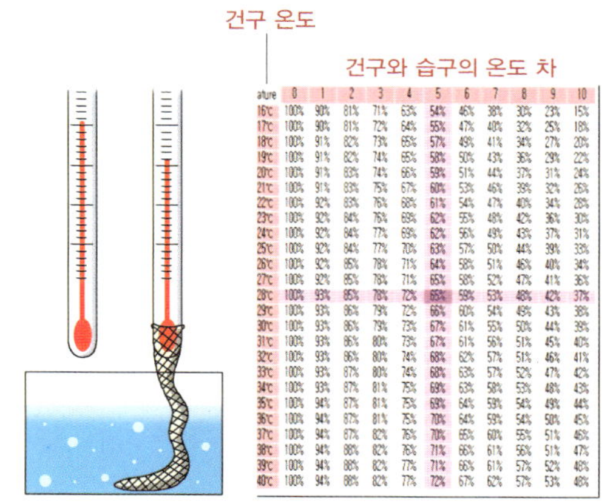

ature	0	1	2	3	4	5	6	7	8	9	10
16℃	100%	90%	81%	71%	63%	54%	46%	38%	30%	23%	15%
17℃	100%	90%	81%	72%	64%	55%	47%	40%	32%	25%	18%
18℃	100%	91%	82%	73%	65%	57%	49%	41%	34%	27%	20%
19℃	100%	91%	82%	74%	65%	58%	50%	43%	36%	29%	22%
20℃	100%	91%	83%	74%	66%	59%	51%	44%	37%	31%	24%
21℃	100%	91%	83%	75%	67%	60%	53%	46%	39%	32%	26%
22℃	100%	92%	83%	76%	68%	61%	54%	47%	40%	34%	28%
23℃	100%	92%	84%	76%	69%	62%	55%	48%	42%	36%	30%
24℃	100%	92%	84%	77%	69%	62%	56%	49%	43%	37%	31%
25℃	100%	92%	84%	77%	70%	63%	57%	50%	44%	39%	33%
26℃	100%	92%	85%	78%	71%	64%	58%	51%	46%	40%	34%
27℃	100%	92%	85%	78%	71%	65%	58%	52%	47%	41%	36%
28℃	100%	93%	85%	78%	72%	65%	59%	53%	48%	42%	37%
29℃	100%	93%	86%	79%	72%	66%	60%	54%	49%	43%	38%
30℃	100%	93%	86%	79%	73%	67%	61%	55%	50%	44%	39%
31℃	100%	93%	86%	80%	73%	67%	61%	56%	51%	45%	40%
32℃	100%	93%	86%	80%	74%	68%	62%	57%	51%	46%	41%
33℃	100%	93%	87%	80%	74%	68%	63%	57%	52%	47%	42%
34℃	100%	93%	87%	81%	75%	69%	63%	58%	53%	48%	43%
35℃	100%	94%	87%	81%	75%	69%	64%	59%	54%	49%	44%
36℃	100%	94%	87%	81%	75%	70%	64%	59%	54%	50%	45%
37℃	100%	94%	87%	82%	76%	70%	65%	60%	55%	51%	46%
38℃	100%	94%	88%	82%	76%	71%	66%	61%	56%	51%	47%
39℃	100%	94%	88%	82%	77%	71%	66%	61%	57%	52%	48%
40℃	100%	94%	88%	82%	77%	72%	67%	62%	57%	53%	48%

건습구 습도계와 습도표

를 비교하여 습도 퍼센트를 산출할 수 있어.

손등에 물을 떨어뜨리고 부채로 바람을 일으키면 물이 증발하면서

257

시원해지지? 마찬가지로 습구 온도계의 물이 증발하면서 건구 온도계보다 온도가 낮아져. 그런데 공기가 건조할수록 물이 잘 증발하므로, 습도가 낮을수록 습구 온도계의 온도가 많이 낮아지겠지. 그러면 건구 온도계와 습구 온도계의 온도 차이가 많이 나게 돼. 그 온도 차이를 표로 나타내어 습도를 정하는 거란다.

교과서 속의 습도 일정한 부피의 공기 중에 수증기가 많이 들어 있으면 공기는 습하고, 수증기가 적게 들어 있으면 공기는 건조하다. 이와 같이 공기가 습한 정도를 습도라고 한다.

습도가 높은 새벽에 조깅하면 좋지 않다는데 왜 그럴까요?

새벽이나 늦은 밤 도심 속을 산책하거나 조깅하는 사람이 많아지고 있어. 자욱한 안개 속을 달리는 사람들을 보면 멋있어 보이지?

하지만 도시의 새벽 안개는 건강에 아주 좋지 않단다. 가을철 새벽에는 지표면의 온도가 공기보다 낮고 대기층이 안정적이기 때문에 공기 중의 수증기가 쉽게 응결하고, 상대 습도가 매우 높아져. 그래서 안개가 잘 생기는 거야.

하지만 도시의 공기는 자동차나 난방 시설에서 나온 이산화황, 이산화질소 등의 매연 농도가 높아. 이것을 함유한 공기가 물방울에 녹아 산성 안개가 된단다. 물방울이 되어 사람 몸에 들어온 산성 안개는 기관지나 폐를 손상시켜. 건강을 위한 새벽 운동이 오히려 건강을 해칠 수도 있는 거지. 따라서 도시에 사는 친구들은 가을에는 새벽보다 해가 뜨고 안개가 사라진 후에 운동하는 것이 더 좋단다.

1. **습도**는 공기의 습한 정도이다.
2. 상대 습도는 공기 중 수증기의 포화 정도이다.
3. 습도는 건습구 습도계로 측정할 수 있고, 단위는 %를 사용한다.

일기 예보관 구름

구름은 물방울과 얼음 알갱이가 하늘 높은 곳에 떠 있는 것이다.

가능성 ★★★★
기여도 ★★★
난이도 ★★★★
선호도 ★★★★

호기심을 따라가면 개념이 보여요

산에 걸려 있는 **구름**을 만지고 싶어 올라갔는데, 아무것도 안 잡혀. 왜 그럴까?

→ 멀리 있는 구름은 하얗고 푹신해 보이지. 그런데 구름을 이루는 작은 물방울과 얼음 알갱이가 햇빛을 받아 그렇게 보이는 거야.

→ 구름은 공기 중 수증기가 냉각되어 생긴 물방울과 얼음 알갱이가 하늘에 떠 있는 거야. 그래서 만질 수 없어.

구름이 뭐예요?

'구름'은 수증기가 변해 만들어진 물방울과 얼음 알갱이가 하늘 높이 떠 있는 거란다. 공기 덩어리의 온도가 내려가면 그 안에 포함된 수증기들은 물방울이나 얼음 알갱이가 되거든. 그리고 이것이 바로 구름이란다.

구름은 어떻게 하늘에 떠 있을 수 있나요?

구름을 구성하고 있는 물방울이나 얼음 알갱이는 매우 작아. 구름을 형성하는 물방울이 백만 개 정도 모여도 질량은 겨우 1g에 불과해. 이렇게 가볍기 때문에 공중에 떠 있을 수 있는 거란다.

다음 그림을 보면 구름이 생성되는 과정을 알 수 있어. 수증기를 포함한 공기 덩어리는 높은 곳으로 올라갈수록 부피가 커진단다. 그만큼 공기 알갱이들의 활동 공간이 넓어지지. 그 결과 온도가 내려가면서 수증기가 물방울로 변해. 온도가 더 내려가면 얼음 알갱이로 변하지.

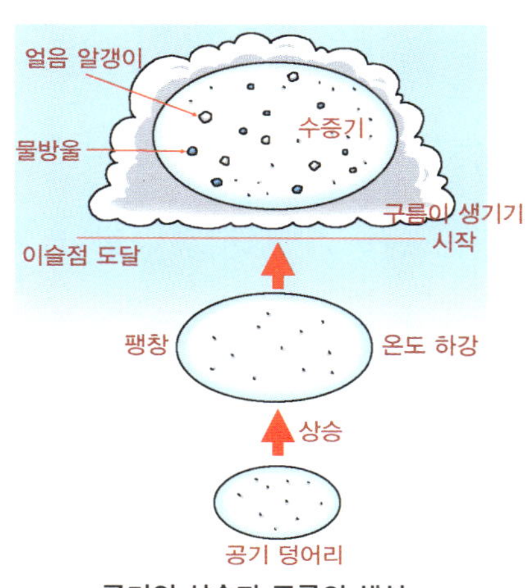

공기의 상승과 구름의 생성

구름에도 종류가 있나요?

그렇단다. 구름의 모양은 높이에 따른 기온의 분포와 관계 깊어. 일반
적으로 구름의 종류는 모양에 따라 위로 솟은 적운형과 층을 이루는
층운형으로 구분해. 비가 내리는 유형도 구름의 모양에 따라 다른데,
두꺼운 적운형의 구름에서는 굵은 비가 좁은 지역에서 짧은 시간 동
안 내려. 반면에 얇은 층운형의 구름에서는 가는 빗방울이 넓은 지역
에서 오랜 시간 내려.

구름의 종류와 고도

구름은 언제 만들어지나요?

다음 그림은 공기가 상승해서 구름이 만들어지는 예를 나타낸 거야. (가)는 태양 에너지에 의해 지표가 가열되어 공기가 데워지는 경우야. 데워진 공기는

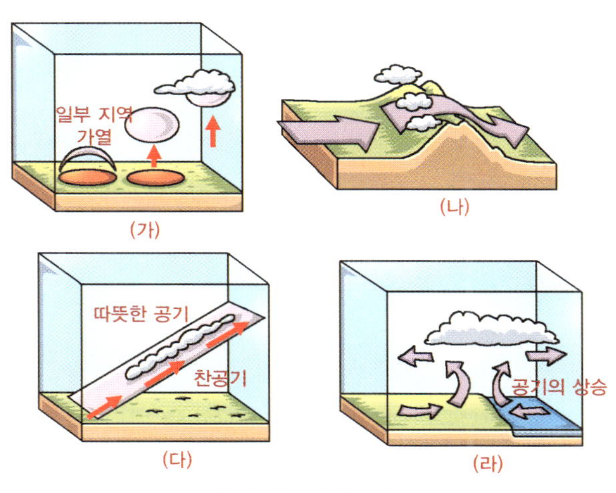

구름이 만들어지는 예

가벼워 상승한단다. (나)는 산을 향해 바람이 계속 불어 올라가는 경우야. (다)는 차가운 공기가 따뜻한 공기 밑으로 들어가 따뜻한 공기를 상승시키는 경우야. (라)는 저기압 중심부로 공기가 모이는 경우를 표현한 거란다. 주위보다 기압이 낮아 상승 기류가 생긴단다.

실제로 손오공처럼 구름을 탈 수 있나요?

손오공은 중국의 유명한 소설 『서유기』의 주인공이지만, 너희들에게는 만화 주인공으로 더욱 친근할 거야. 손오공 하면 그의 자가용인 '근두운'이라는 구름이 떠오르지? 손오공은 근두운을 타고 다니며 수많은 적들을 무찌른단다.

그런데 정말로 근두운을 탈 수 있을까? 과학적으로는 불가능하단다. 손오공이 근두운을 타기 위해 땅으로 불러 내리는 순간 근두운은 바람처럼 사라질 테니까 말이야. 그 이유는 구름이 만들어지는 과정을 거꾸로 생각해 보면 알 수 있단다. 구름은 공기 덩어리가 하늘 높이 상승해 기온이 떨어지면서 물방울이나 얼음 알갱이로 변한거야. 반대로 구름이 땅으로 내려오면 물방울이나 얼음 알갱이는 다시 수증기로 되돌아가겠지. 따라서 근두운은 절대로 땅으로 내려올 수 없단다.

1. **구름**은 물방울과 얼음 알갱이가 하늘 높은 곳에 떠 있는 것이다.
2. 구름은 모양과 높이에 따라 종류가 다른데, 대표적으로 옆으로 퍼진 층운형 구름과 위로 솟은 적운형 구름이 있다.

이란성 쌍둥이 눈과 비

눈과 비는 지표에서 증발한 수증기가 구름이 되었다가 다시 지표로 떨어지는 얼음 알갱이 와 물방울이다.

가능성 ★★★★
기여도 ★★★★
난이도 ★★★★
선호도 ★★★★

호기심을 따라가면 개념이 보여요

겨울에는 왜 비가 안 오고 눈 이 올까?

사실 기온이 따뜻하면 비가 내리기도 해. 날씨가 추우니 까 눈으로 내리는 것뿐이야.

눈과 비는 원래 같은 거야. 증 발한 수증기가 구름이 되었다 가 다시 지표로 떨어지는 거 거든. 비는 떨어지는 얼음 알 갱이가 따뜻한 날씨에 녹은 거야.

한대나 온대 지방에서는 눈이나 비가 어떻게 내리나요?

우선 비가 내리려면 구름이 만들어져야 해. 구름을 자세히 살펴보면 빙정이라고 부르는 작은 얼음 알갱이와 물방울이 동시에 존재한다는 것을 알 수 있어. 그런데 물방울이 많아지면 수증기가 많이 생기고 그 수증기가 작은 얼음 알갱이인 빙정에 계속 달라붙어 빙정이 점점 커지게 돼. 무거워진 빙정은 땅으로 떨어지지. 떨어지는 빙정이 녹으면 비가 되고, 녹지 않고 그냥 내리면 눈이 되는 거야.

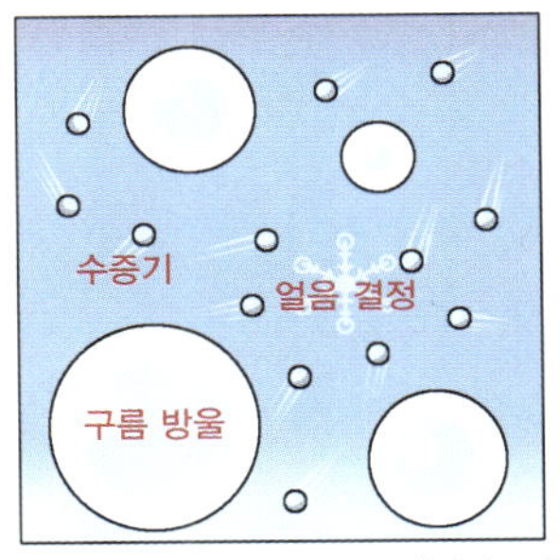

비나 눈이 되는 과정

열대 지방에서는 비가 어떻게 내리나요?

대기의 온도가 높은 곳에서는 구름 속에 빙정이 잘 생기지 않아. 그래서 열대 지방에서는 눈이 아니라 빗방울이 큰 비가 주로 내린단다. 열대 지방에서 내리는 비는 구름 속의 수증기가 서로 뭉쳐 떨어지

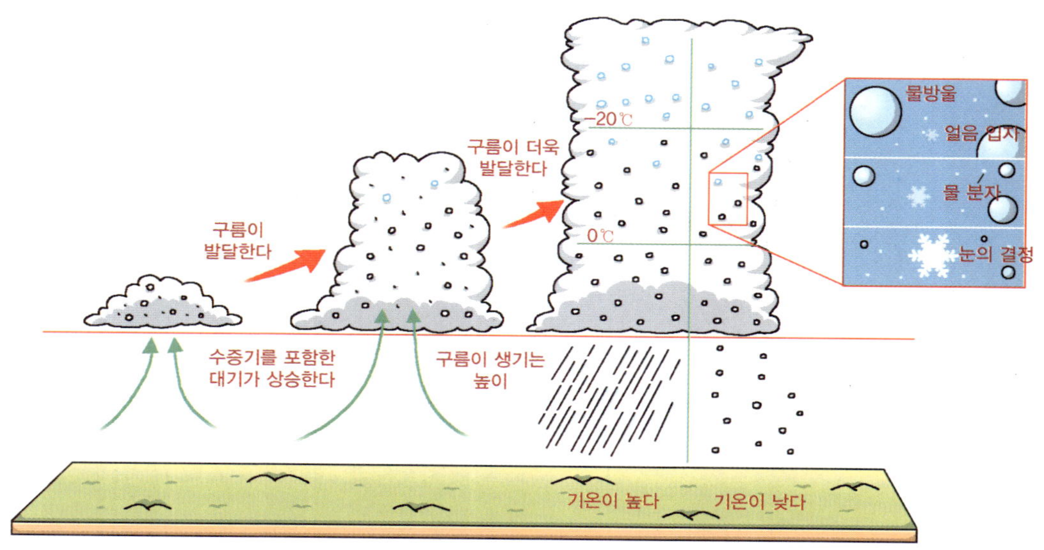

한대 지방이나 온대 지방에서 눈과 비가 내리는 과정

는 거란다. 그래서 빗방울이 엄청 커.

우박은 뭐예요?

커다란 얼음 알갱이 같은 것이 내릴 때가 있지? 바로 '우박'이란다. 우박은 하늘 위에 크게 발달한, 천둥 번개를 동반한 구름에서 만들어져. 우박은 밑으로 떨어져야 할 얼음 알갱이가 강한 상승 기류로 구름 안에서 위아래로 운동하면서 주위의 물방울과 얼음 알갱이와 합쳐져 생기는 거란다. 우박의 크기는 보통 5mm에서 크게는 5cm인데, 경우에 따라 지름이 수십cm로 자라기도 해.

교과서 속의 눈과 비 구름 속에서 만들어진 눈이 내리다가 지표면의 기온이 0℃ 이상이면 녹아서 비가 되고, 그렇지 않으면 눈으로 내리게 된다.

인공 강우는 어떻게 내리나요?

자연적으로 비가 내리는 것이 아니라 과학 기술력을 사용해 비가 내리게 하는 것을 '인공 강우'라고 한단다.

인공 강우 실험 방법

가뭄이 아주 심할 때 일부 선진국에서는 인공적으로 비가 내리게 하고 있어. 구름이 있다고 해서 항상 비가 오는 것은 아니란다. 비가 내리려면 작은 얼음 알갱이를 크게 뭉쳐 주는 작은 알갱이가 구름 속에 있어야 해. 이것을 '빙정핵'이라고 하지. 빙정핵은 공중에 떠다니는 먼지나 바다에서 증발한 아주 작은 소금 알갱이 등을 말해. 구름 속에 이러한 빙정핵의 역할을 대신 할 수 있는 물질들을 비행기나 로켓을 이용해서 뿌려 인공적으로 비를 만드는 거란다. 빙정핵으로 사용하는 물질에는 요오드화은(노란색의 고운 가루 모양의 화학 물질)이나 드라이아이스 등이 있어.

270

1. **눈과 비**는 지표에서 증발한 수증기가 구름이 되었다가 다시 지표로 떨어지는 얼음 알갱이와 물방울이다.
2. 빙정핵은 작은 얼음 알갱이를 뭉쳐 크게 만드는 역할을 한다.

대기압 가능성 ★★★★★
기여도 ★★★
난이도 ★★★★
선호도 ★★★★★

대기압은 기압이라고도 하며 지구를 둘러싸고 있는 공기가 누르는 압력이다.

호기심을 따라가면 개념이 보여요

가족과 산에 가서 코펠에 밥을 해먹었는데, 설익었어. 코펠이 안 좋아서 그런 걸까?

→

코펠 때문이 아니라, 산에서는 물이 끓어야 하는 온도보다 낮은 온도에서 끓기 시작해서 제대로 밥이 되지 않는 거야.

→

지구를 둘러싸고 있는 공기가 누르는 압력을 **대기압**이라고 해. 그런데 높은 곳에 올라갈수록 공기가 부족해서 대기압이 낮아지거든. 기압이 낮아지면 평상시보다 끓는점이 낮아져.

대기압이 뭐예요?

지구를 둘러싸고 있는 공기의 두께는 약 1,000km나 된단다. 우리는 이러한 공기의 무게(공기가 누르는 힘)에 영향을 받는데, 이것을 '대기압'이라고 해. 대기압은 다른 말로 대기가 누르는 압력이라고 할 수 있어. 기압의 단위로는 헥토파스칼(hPa)을 사용하는데, 1기압은 1,013.25hPa란다.

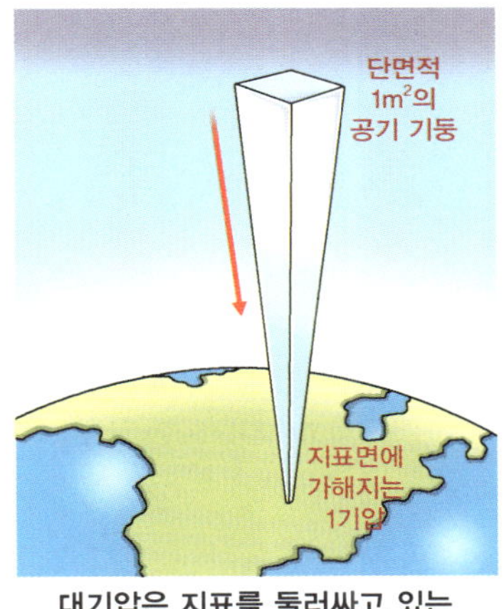

대기압은 지표를 둘러싸고 있는 공기의 무게이다.

대기압은 우리 몸에 어떠한 영향을 미치나요?

우리는 평소 기압을 잘 느끼지 못해. 우리 몸 안쪽에서 같은 크기의 압력이 몸 바깥쪽으로 작용하기 때문이야. 하지만 평소와 다른 기압을 느낄 때가 있어. 바로 고속 엘리베이터나 비행기를 탈 때 귀가 멍멍해지는 경우야. 이것은 갑자기 변한 외부의 기압 차 때문에 생기는 현상이란다.

273

기압의 크기는 항상 같은가요?

그렇지 않아. 공기는 항상 움직이기 때문에 측정 장소와 측정 시간에 따라 기압이 달라져. 또 높이 올라갈수록 그 위에 쌓인 공기의 무게가 줄어들어 기압이 낮아진단다.

높이와 기압의 관계

대기를 구성하는 산소나 질소 등의 기체들은 지표면을 누르고 있다. 이와 같이 공기가 누르는 압력을 대기압 또는 기압이라고 한다.

대기압이 달라지면
어떤 일이 생길까요?

전직 캘리포니아 주지사인 아놀드 슈왈제네거가 주연을 한 영화 중에 〈토탈 리콜〉이라는 영화가 있단다. 2084년 미래 세계를 다룬 공상 영화야. 지구의 식민지로 변한 화성이 영화의 주 무대가 되고, 그곳에서 어떤 사나이가 자신의 과거를 되찾기 위해 악당들과 싸우는 내용이야.

영화를 보면 건물 밖으로 날아간 주인공의 눈이 점점 커지면서 밖으로 튀어나오려고 하는 장면이 나온단다. 그건 바로 대기압의 차이 때문이야. 화성은 지구보다 중력이 작아서 공기의 밀도가 낮고 대기압이 지구의 약 1/100 에 불과해. 지구보다 대기압이 훨씬 낮지. 그래서 주인공이 안전장치가 된 건물 밖으로 나왔을 때, 100배나 낮은 대기압에 그대로 노출되어 몸이 점점 부풀고, 눈알이 튀어나오는 등의 이상한 반응이 일어난 거야.

　과학자들의 연구에 따르면, 1기압의 대기 중에서는 $1cm^2$의 면적에 $1kg \cdot f$의 힘이 작용한다고 해. 그런데 인간의 눈알의 지름은 약 2.5cm이고, 단면적은 $4.7cm^2$이니까, $4.7kg \cdot f$의 힘으로 공기에 눌려 있는 셈이지. 그래도 눈알이 머리의 내부로 파고들지 않는 것은 눈 주위의 조직이 같은 힘으로 바깥을 향해 밀고 있기 때문이야. 이것을 '체압'이라고 해.

　그런데 만약 지구보다 1/100배나 대기압이 작은 화성의 대기에 노출된다면, 안쪽에서 바깥으로 작용하는 $4.7kg \cdot f$의 힘에 의해 시속 약 63km의 속도로 밖으로 튕겨나가게 된단다.

정리해 볼까요?

1. **대기압**은 기압이라고도 하며 지구를 둘러싸고 있는 공기가 누르는 압력이다.
2. 대기압은 시간, 장소, 높이에 따라 다르게 나타난다.

공기의 이동 바람

바람은 기압 차이로 인한 수평 방향으로의 공기의 이동이다.

가능성 ★★★★
기여도 ★★★★
난이도 ★★★★
선호도 ★★★★

호기심을 따라가면 개념이 보여요

어? 누가 흔들지도 않는데 갑자기 깃발이 흔들려. 왜 그럴까?

→

그건 보이지 않는 공기가 움직여서야.

→

공기는 많이 모인 곳에서 적은 곳으로 움직이거든. 움직이는 방향이 수평이면 **바람**, 수직이면 기류라고 불러.

바람은 왜 부는 걸까요?

공기는 많이 모여 있는 곳에서 적은 곳으로 이동하려고 해. 물처럼 잘 흐르는 성질을 가지고 있기 때문에 가능한 일이지. 그리고 그러한 공기의 이동으로 '바람'이 생기는 거야.

고기압과 저기압이 뭐예요?

고기압은 '높을 고(高)'와 공기의 압력을 뜻하는 '기압(氣壓)'이란 말이

합쳐진 말이야. 즉 공기의 압력이 높은 곳을 의미한단다. 공기가 주위보다 많이 모인 곳이지. 반대로 저기압은 '낮을 저(低)'와 기압이 합쳐진 말로 공기의 압력이 낮은 곳을 의미해. 상대적으로 주위보다 공기가 적게 모인 곳이지. 따라서 바람은 고기압에서 저기압으로 분다는 것을 알 수 있어. 그리고 기압 차이가 클수록 바람의 세기도 커진단다.

우리나라에 가장 큰 영향을 주는 바람은 무엇인가요?

봄철이 되면 "내일은 편서풍의 영향으로 황사가 매우 심하겠습니다."라는 말이 뉴스에 자주 나와. 편서풍은 우리나라가 속한 중위도 지방인 북위 30~60°지역을 서쪽에서 동쪽으로 부는 바람이야. 편서풍의 '편(偏)'은 '어디에 치우치다.'는 의미를 가진 단어인데, 바람이 항상 서쪽으로 치우쳐 불어온다고 하여 붙여진 이름이야. 이밖에도 계절풍의 영향을 받는단다.

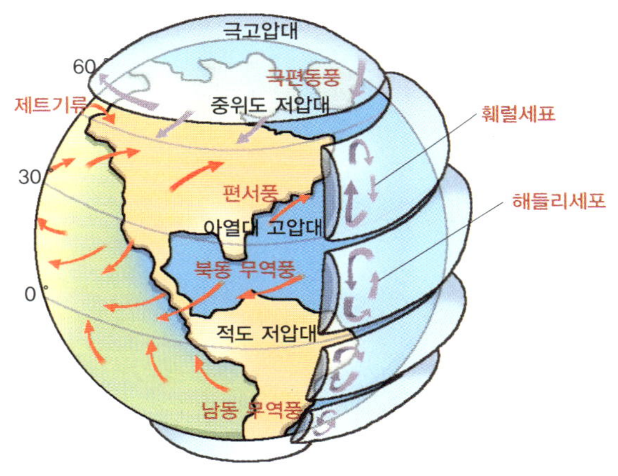

바람의 종류는 위도에 따라 다른데, 크게 무역풍, 편서풍, 극동풍으로 나눈다.

공포 영화에 나오는 유령선의 정체는 무엇일까요?

적도 근처에 가면 바람이 아주 약하게 부는 곳이 있는데, 이곳을 '적도 무풍대'라고 한단다. 이 지역은 북반구에서 북동 무역풍이, 남반구에서 남동 무역풍이 적도를 향해 마주 보며 부는데, 이 바람들이 서로 부딪혀 위로 빠르게 이동해. 공기가 위로 이동하면 저기압이 되면서 구름이 띠를 이루며 발달하지만 수평 방향으로 부는 바람은 약해져. 그래서 적도의 바람이 없는 지역이라는 뜻으로 적도 무풍대라는 이름을 가지게 되었어.

옛날 바람의 힘으로 항해하던 시절에는 이곳을 죽음의 바다로 불렀단다. 바람이 불지 않으면 배가 쉽게 이동할 수 없거든. 큰 배는 노를 저어 움직이는 데 한계가 있기 때문에 어쩌다 그곳에 들어선 배의 선원들은 작은 보트로 갈아타고서 탈출할 정도였단다. 버려진 배는 오랫동안 적도 무풍대를 헤매다 우연한 기회에 그곳을 빠져나와 바다를 헤매는 유령선이 되었어.

1. **바람**은 기압 차이로 인한 수평 방향으로의 공기의 이동이다.
2. 바람의 세기는 기압 차이가 클수록 세진다.
3. 우리나라에 가장 큰 영향을 미치는 바람은 편서풍이다.

기단은 넓은 범위에 걸쳐 있는, 기온과 습도 등이 비슷한 공기 덩어리이다.

호기심을 따라가면 개념이 보여요

우리나라는 사계절이 존재해. 계절의 변화는 어떻게 생기는 걸까?

→ 공기는 머물고 있는 지역의 성질을 닮아. 겨울에는 차가운 북쪽 지방에서 형성된 공기가 우리나라에 영향을 미치고, 여름에는 따뜻한 남쪽 지방에서 형성된 공기가 영향을 미치기 때문이야.

→ 같은 성질을 가진 공기끼리는 서로 뭉치는데, 비슷한 기온과 습도를 가진 커다란 공기 덩어리를 **기단**이라고 해.

기단이 뭐예요?

'기단'은 규모가 수평 방향으로 수백에서 수천km에 이르는 아주 큰 공기 덩어리를 말하는데, 만들어지는 장소와 습도에 따라 성질이 달라진단다. 북쪽의 대륙에서는 한랭건조한 기단이, 적도 근처의 바다에서는 온난다습한 기단이 형성돼. 기단은 대기의 순환에 의해 다른 지역으로 이동하면서 성질이 변해. 예를 들어 차고 건조한 기단이 더운 바다를 지나면 따뜻하고 습기가 많은 기단으로 변한단다.

기단은 날씨 변화에 어떤 영향을 주나요?

우리나라의 겨울은 삼한 사온으로 3일은 춥고 4일은 따뜻해. 이는 겨울 날씨를 지배하는 대륙성 기단인 시베리아 기단의 세력 변화 때

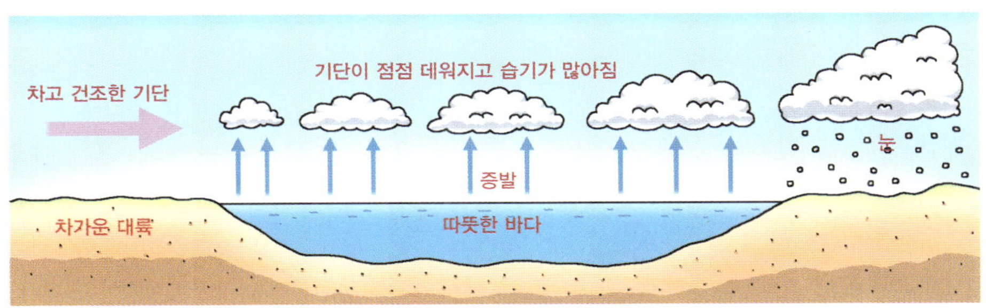

기단의 이동에 따른 성질의 변화

문이야. 차갑고 건조한 시베리아 기단의 세력이 강해지는 3일 동안은 몹시 추운 날씨가 계속되다가, 시베리아 기단의 세력이 움츠러드는 4일 동안은 비교적 포근한 날씨가 지속되지. 하지만 근래에 와서는 삼한 사온 현상이 제대로 지켜지지 않고 있다고 해. 지구 온난화 등으로 인해 지구의 전체 기후가 조금씩 바뀌고 있거든.

284

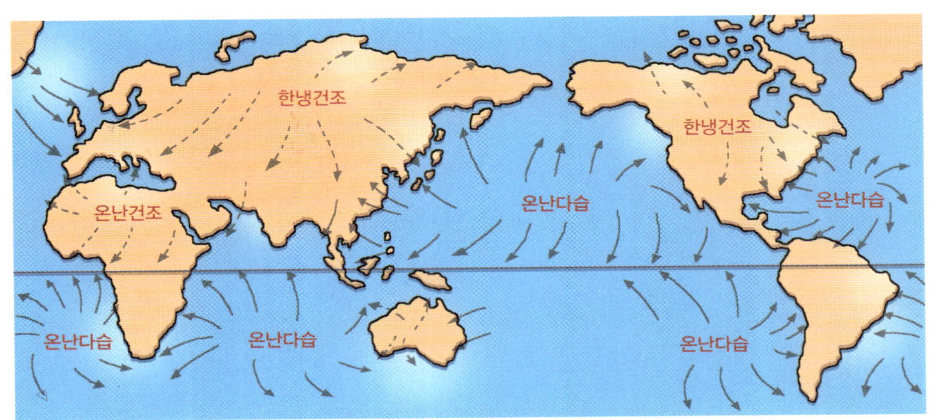

세계의 주요 기단의 형성 지역과 그 성질

교과서 속의 기단 공기는 머물고 있는 지표면의 성질을 닮는다. 더운 사막에 머무는 공기는 건조하고 온도가 높으며, 따뜻한 바다 위에 머무는 공기는 온도와 습도가 모두 높다. 이렇게 비슷한 온도와 습도를 지닌 큰 공기의 덩어리를 기단이라고 한다.

우리나라에 영향을 주는 기단에는 어떤 것이 있나요?

기단은 발생하는 장소별로 각각 다른 성질을 가지고 있기 때문에 어떤 기단의 영향을 받느냐에 따라 그 지역의 날씨가 달라진단다. 우리나라 주변에는 시베리아 기단, 북태평양 기단, 오호츠크 해 기단, 양쯔 강 기단 등이 있는데, 저마다 성질이 달라. 기단 앞에 붙여진 이름을 보면 대충 이들이 어디에서 태어나고 자란 기단인지 알 수 있을 거야. 기단은 일반적으로 형성되는 장소의 이름을 붙이거든.

시베리아 기단은 차고 건조한 북쪽 대륙에서 만들어져서 성질이 차고 건조해. 이 기단은 주로 겨울철에 우리나라에 오지. 그래서 시베리아 기단이 왕 노릇을 하는 겨울이 되면 북서 계절풍이 불어와 차고 건조한 날씨가 계속되는 거란다.

북태평양 기단은 여름철에 북태평양에서 발달하는 고온다습한 해양성 기단이야. 우리나라의 여름철이 무더운 것은 북태평양 기단의 영향권 안에 있기 때문이지. 이 기단이 힘을 쓰는 여름에는 남동 계절풍이 불어와 날씨가 덥고 습해.

또한 양쯔 강 기단은 따뜻하고 건조한 대륙에서 만들어지기 때문에 이 기단의 영향을 받는 봄철과 가을철은 날씨가 따뜻하고 건조해. 그리고 오호츠크 해 기단은 춥고 습기가 많은데 우리나라 초여름 날씨에 영향을 미친단다.

1. **기단**은 넓은 범위에 걸쳐 있는, 기온과 습도 등이 비슷한 공기 덩어리이다.
2. 기단은 만들어진 곳의 성질을 닮지만, 이동하면서 성질이 변한다.
3. 우리나라는 봄과 가을에는 양쯔 강 기단, 초여름에는 오호츠크 해 기단, 여름에는 북태평양 기단, 겨울에는 시베리아 기단의 영향을 받는다.

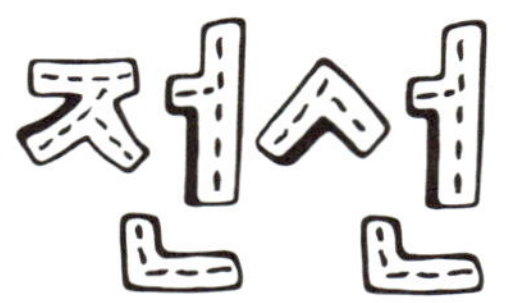

성질이 다른 두 기단이 만나면 전선면이 형성되고, 전선면이 땅과 만나는 경계선을 **전선**이라고 한다.

가능성 ★★★★★
기여도 ★★★
난이도 ★★★★
선호도 ★★★★★

호기심을 따라가면 개념이 보여요

기단마다 성격이 다르잖아. 그러면 성격이 다른 기단끼리 만나면 어떻게 돼?

→

성격이 너무 다른 사람이 만나면 자주 싸우지? 그것처럼 서로 다른 기단이 만나는 곳은 날씨 변화가 심하게 일어나.

→

이처럼 성질이 다른 두 기단이 만나서 만들어지는 경계를 전선면이라 하고, 전선면과 지표가 만나는 경계선을 **전선**이라고 해.

전선이 뭐예요?

차가운 기단과 더운 기단이 만나면 차가운 기단은 밑쪽으로, 더운 기단은 위쪽으로 이동해. 이로 인해 층을 이루며 경계면을 형성하게 돼. 이때 전선이 서로 만나는 경계면을 '전선면'이라고 하고, 전선면이 땅과 만나는 경계선을 '전선'이라고 한다. 전선은 날씨 변화에 가장 큰 영향을 미치며 한곳에 머무르지 않고 서서히 이동해.

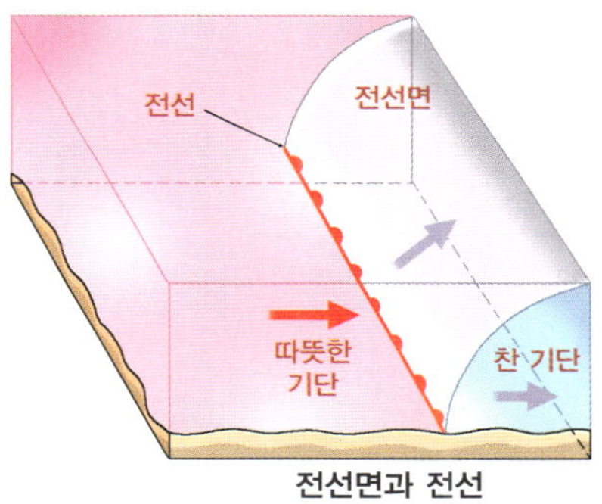

전선면과 전선

한랭 전선이 뭐예요?

오호츠크 해 기단처럼 찬 공기 덩어리가 북태평양 기단처럼 더운 공기 덩어리 쪽으로 이동하여 서로 만나면 차가운 공기 덩어리는 밀도가 상대적으

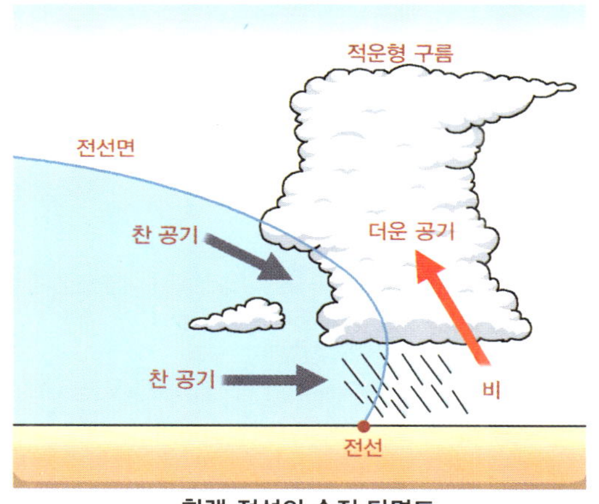

한랭 전선의 수직 단면도

로 무겁기 때문에 더운 공기 덩어리 밑을 파고 들어가. 이때 '한랭 전선'이 형성되면서 강한 상승 기류가 발달하게 돼. 그 결과 적운형 구름이 생겨 좁은 지역에 소나기성 비가 내린단다.

온난 전선이 뭐예요?

더운 공기 덩어리가 차가운 공기 덩어리 쪽으로 이동하면 더운 공기는 찬 공기보다 가벼워 위로 올라가. 이때 '온난 전선'이 형성되면서

약한 상승 기류가 발달하
게 돼. 그 결과 넓게 옆으
로 퍼지는 층운형 구름이
생기고 오랜 시간 넓은 지
역에서 약한 비가 내려. 온
난 전선은 한랭 전선보다
이동 속도가 느려.

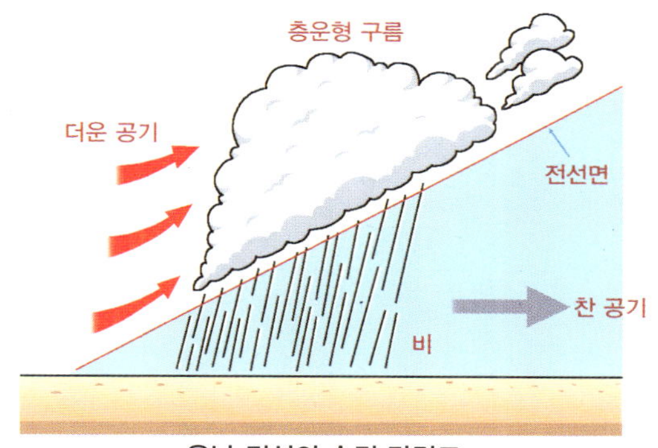

온난 전선의 수직 단면도

교과서 속의 전선
전선이 가까이 오거나 지나가면 전선의 성질에 따라 그 지역의 날씨는 변한다. 전선이 날씨에 어떤 영향을 끼치는지 한랭 전선과 온난 전선을 예로 들어 알아보자.

장마 전선은 어떻게 만들어지나요?

두 기단의 힘이 서로 비슷하여 한 지역에 오래 머물게 되는 전선을 '정체 전선'이라고 한단다. 예를 들어 그림 A처럼 한랭 전선과 온난 전선이 만나 섞이면 서로의

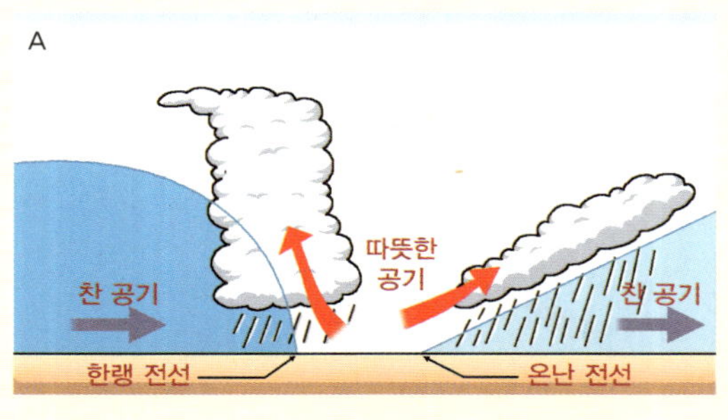

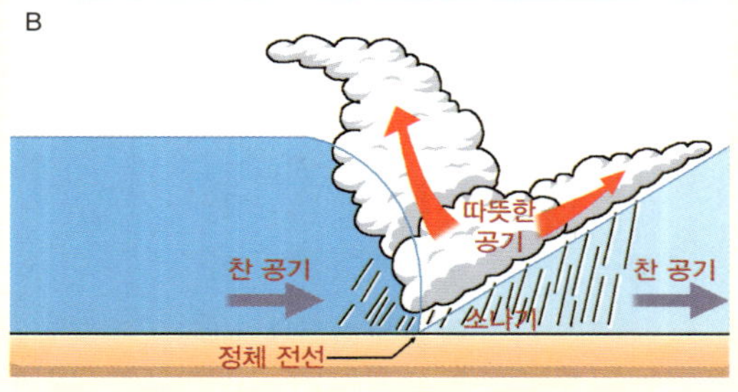

장마 전선의 형성 과정

성격을 잃고 그림 B처럼 비가 내리는데 아주 오랫동안 머무르지. 이를 정체 전선이라고 하는데 우리나라 장마철에 형성되는 전선이란다.

습기가 많은 북태평양 기단과 오호츠크 해 기단이 서로 부딪히면 습기가 서로 보태져 많은 비를 내리는데, 이때 우리나라는 장마가 시작돼.

그 후 북태평양 기단이 점점 더 강해지면서 오호츠크 해 기단을 밀어내고 우리나라를 점령해. 그래서 장마가 끝나고 나면 우리나라는 북태평양 기단의 영향을 받아 매우 덥고 습한 한여름 날씨가 이어지는 거란다.

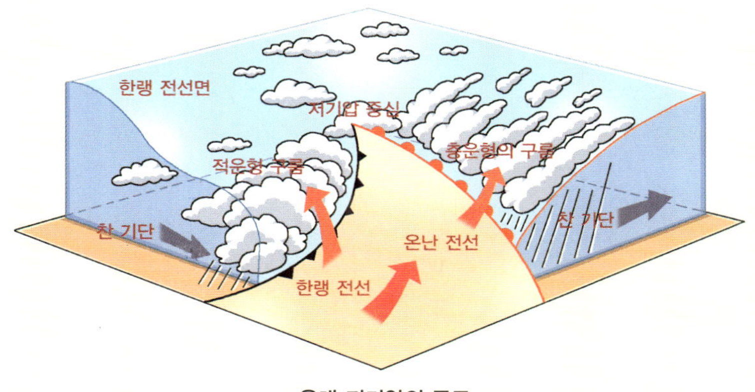

온대 저기압의 구조

한편, 그림 C처럼 이동 속도가 빠른 한랭 전선이 상대적으로 느린 온난 전선을 따라잡아 겹쳐지면 '폐색 전선'이 돼. 폐색 전선에서는 한랭 전선이든 온난 전선이든 한 가지 기단만 영향을 주면서 아주 강한 바람이 불어. 그러다 시간이 지나면 폐색 전선은 사라진단다.

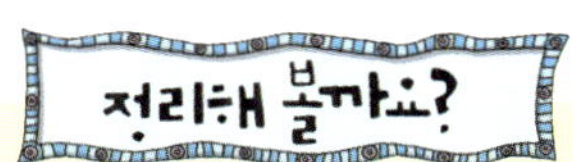

1. 성질이 다른 두 기단이 만나면 전선면이 형성되고, 전선면이 땅과 만나는 경계선을 **전선**이라고 한다.
2. 한랭 전선은 찬 공기가 더운 공기 밑을 파고들면서 만든 전선이다.
3. 온난 전선은 더운 공기가 찬 공기를 타고 올라가면서 만든 전선이다.
4. 한랭 전선이 온난 전선보다 이동 속도가 빨라 어느 순간 서로 겹쳐져 전선이 없어지는데, 이것을 폐색 전선이라고 한다.

아주 빠르고 강한 바람 태풍

가능성 ★★★
기여도 ★★★
난이도 ★★★
선호도 ★★★★

태풍은 수증기를 많이 포함하고 아주 빠른 속도로 움직이는 바람이다.

호기심을 따라가면 개념이 보여요

큰일 났어. 제주도 앞바다까지 **태풍**이 올라왔대. 큰 비가 내릴 것 같아.

→

지난 번 태풍 때도 큰 비가 내렸는데, 태풍 때마다 왜 이렇게 비가 내리는 거지?

→

그건 태풍이 원래 많은 양의 수증기를 품고 있기 때문이야.

태풍이 뭐예요?

'태풍'은 한마디로 엄청나게 빠르게 부는 바람이라고 할 수 있어. 세계 기상 기구에서는 속도가 33m/s 이상으로 부는 바람을 태풍이라고 한단다. 하지만 우리나라에서는 17m/s 이상으로 부는 바람을 태풍이라고 해. 17m/s면 100미터를 약 6초 만에 달리는 아주 빠른 속도야. 속도가 빠른 바람은 힘이 무지 세. 그래서 태풍이 불면 큰 피해를 입는 거란다. 또한 태풍은 발생하는 장소에 따라 여러 가지 이름으로 불려.

태풍은 왜 더운 바다에서 만들어지나요?

적도 근처의 바다는 매일 뜨거운 태양 에너지를 받는데, 이 에너지로 인해 바다 위의 공기가 따뜻해져. 그 결과 증발 현상이 활발히 일어나고 많은 양의 수증기를 품은 공기가 위로 올라가게 되지. 공기가 위로 올라갈수

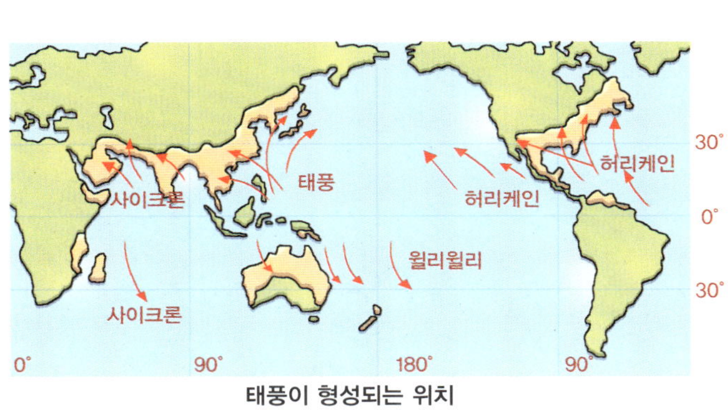

태풍이 형성되는 위치

록 온도가 낮아지는데, 이때 많은 양의 열 에너지를 방출하면서 물방울로 변해. 그리고 이 열 에너지들이 모여 태풍의 원동력이 된단다. 규모가 큰 태풍의 에너지는 원자 폭탄 10만 개가 가진 에너지와 맞먹는다고 해.

태풍의 눈은 어떻게 생겼나요?

잘 발달한 태풍을 위에서 내려 보면 나선 모양의 구름 떼가 줄을 지어 있는 것을 볼 수 있어. 그리고 그 중심 부분은 구멍이 난 듯이 뚫

려 있는데, 이곳을 '태풍의 눈'이라고
해. 태풍 주변은 전체적으로 구름이
짙고, 비가 많이 오지만 태풍의 눈
안은 하늘이 맑고 비가 오질 않아.
태풍의 눈은 공기가 위에서 아래로
내려오는 곳이기 때문에 구름이 생기지 않아서야.

태풍의 눈

저기압은 극단적으로 낮아지기도 한다. 특히 필리핀 근해의
북태평양에서는 중심 기압이 매우 낮은 태풍이 여름에 자주
발생하여 우리나라에 많은 영향을 준다.

우리나라 태풍에는 뭐가 있나요?

매년 우리나라로 오는 태풍은 이동 방향이 비슷
하단다. 태풍은 남쪽의 열대 바다에서 만들어진 후, 서
쪽으로 이동하다가 점점 북쪽으로 이동해. 그러다가 지
구 자전의 영향을 받아 오른쪽으로 휘면서 포물선 모양
을 그리게 되지. 태풍은 일단 육지에 상륙하게 되면 조금씩 힘이 빠진

단다. 육지에서는 충분한 수증기를 공급받지 못하는데다 땅과의 마찰로 속도가 줄어들기 때문이야. 하지만 간혹 육지에 도달해서도 막강한 힘을 가지는 태풍이 있어. 대표적인 예가 사라(1959년)와 루사(2002년)였어. 사라는 인명 피해가 가장 컸던 태풍으로 약 900명의 사람들이 목숨을 잃었고, 루사는 경제적 피해가 가장 큰 태풍으로 약 5조 원의 재산 피해를 냈지.

하지만 태풍이 우리나라에 피해만 준 것은 아니란다. 1994년 여름, 우리나라 전 국토는 뙤약볕과 가뭄으로 고통 받고 있었어. 그 해 농사는 절망적이었지. 그때 구세주처럼 나타난 것이 태풍 더그였어. 이 비 덕분에 온 나라를 뜨겁게 달구었던 더위와 가뭄이 싹 사라졌단다. 이뿐만 아니라 남해에서 오랫동안 계속되던 적조 현상도 말끔히 사라졌어. 태풍은 대체로 피해를 주지만 경우에 따라서는 도움을 주기도 한단다.

정리해 볼까요?

1. **태풍**은 수증기를 많이 포함하고 아주 빠른 속도로 움직이는 바람이다.
2. 태풍은 대부분은 따뜻한 적도 근처의 바다에서 형성되고, 발생하는 지역에 따라 여러 이름으로 불린다.
3. 태풍은 육지에 도달하면 수증기를 공급받지 못하고 지표면과의 마찰 때문에 소멸된다.

별과 은하

자기 힘으로 반짝반짝! **별**

이 별 저 별 모아 이름 붙인 **별자리**

별 구름 **성운**, 별 무리 **성단**

남의 은하가 아닌 **우리 은하**

자기 힘으로 반짝반짝!
별
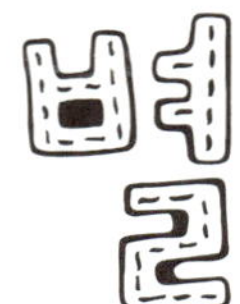

가능성 ★★★★
기여도 ★★★★
난이도 ★★★★★
선호도 ★★★★★

별은 스스로 빛을 내는 천체이며 항성이라고 한다.

호기심을 따라가면 개념이 보여요

태양은 정말 눈부셔. 우주에 태양만큼 밝은 게 있을까?

→

그럼! 태양보다 밝고 큰 별들이 엄청 많아.

→

별은 스스로 빛을 내는 항성이야. 별빛이 작고 약해 보이는 것은 우리 지구와 몇 백 광년 이상 떨어진 거리에 있기 때문이야.

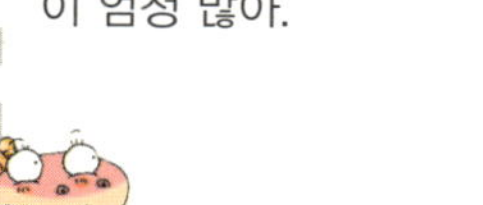
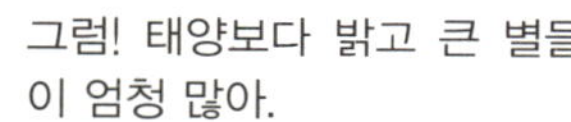

별은 왜 빛을 내나요?

태양이나 별은 아주 뜨겁고 많은 열을 방출하지. 그래서 빛을 내는 거란다. 이것은 백열전등이 빛을 내는 것이나 불타는 장작불의 불꽃을 멀리서 볼 수 있는 것과 같은 이치야. 뜨겁다는 것은 열을 낸다는 것을 의미하고, 열은 빛 에너지로 변해 사방으로 전달돼.

별 색깔을 통해 별의 온도를 알 수 있을까요?

얼마나 많은 열을 내는가에 따라 빛의 색깔이 달라진단다. 그래서 천문학자들은 아주 먼 곳에 있는 별빛의 색깔을 보고, 그 별의 온도까지 알아낼 수 있어. 별은 뜨거울수록 즉 표면 온도가 높을수록 푸른색에 가까워져. 가스 불이 파랄수록 더 뜨거운 것과 같은 이치야. 반대로 온도가 낮을수록 붉단다.

별은 어떻게 만들어지나요?

천문학자들은 별이 '성운'에서 태어난다고 해. 성운에는 별의 생성에 필요한 수소 등의 가스와 먼지, 티끌과 같은 성간 물질들이 많이

모여 있어. 이것들이 모이면서 밀도가 높아지고 중력이 세어진단다.
그 과정에서 가운데 입자들이 압축되어 점점 뜨거워지다가 별이 탄생
하는 거지. 성운은 우주의 자궁이라고 할 수 있어.

교과서 속의 별 공기가 맑고 불빛이 없는 시골에서는 밤하늘의 별들이 마치 보석을 뿌려 놓은 듯 아름답게 보인다.

별도 수명이 있나요?

그럼! 별들도 언젠가 최후를 맞이하지. 별은 빛과 열을 내면서 열심히 반짝거리지만, 가지고 있던 수소를 다 사용하면 서서히 빛을 잃다가 마지막 단계에서 엄청난 열과 빛을 한꺼번에 내뿜으면서 없어진단다.

예를 들어 태양은 앞으로 약 50억 년 후에는 가지고 있던 수소와 헬륨을 다 소비하고 현재의 크기보다 수백만 배나 큰 별인 적색 거성(붉은색의 큰 별이라는 뜻)으로 변한다고 해. 그때 태양은 수성과 금성, 우리 지구까지 집어삼키며 목숨을 이어가다가 지구 크기 정도의 작은 별인 백색 왜성이 되지. 그리고 다시 오랜 세월이 지난 후에는 빛을

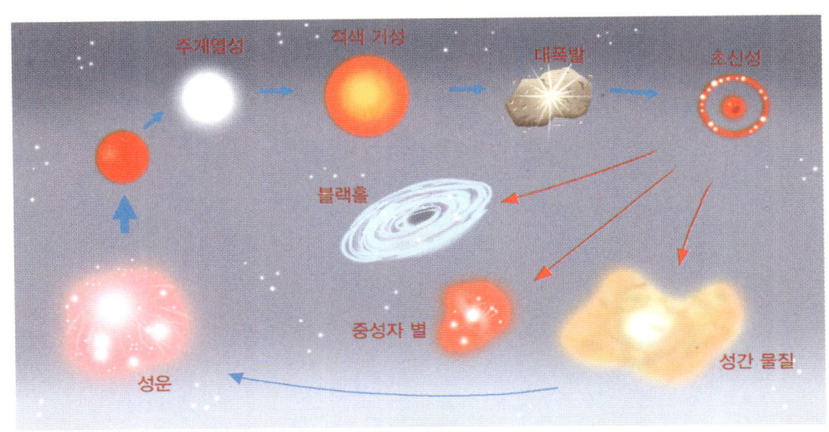

큰 별의 생성과 소멸

잃고 검고 작은 별인 흑색 왜성이 된다고 하는구나.

그런데 태양보다 더 큰 별의 최후는 조금 다르단다. 우주의 진공청소기로 불리는 블랙홀이 되거든. 이곳은 중력이 너무 강해 빛이 도망쳐 나오지 못하고 시간도 멈추는 아주 특별한 곳이야. 블랙홀이 되지 못한 별은 중성자별이 되는데, 중력이 아주 강해 먼지 한 개가 떨어져도 엄청난 폭발을 일으키는 이상한 별이라고 할 수 있지. 하지만 별의 최후는 또 다른 별의 탄생을 위한 준비이기도 하단다. 왜냐하면 수명이 다한 별은 부서져 다른 별의 원료가 되기도 하거든.

정리해 볼까요?

1. **별**은 스스로 빛을 내는 천체이며 항성이라고 한다.
2. 별빛은 표면 온도에 따라 달라지며, 온도가 높으면 파란색에 가깝고 온도가 낮으면 붉은색에 가깝다.
3. 별은 블랙홀이나 중성자별로 최후를 맞이하지만 다른 별의 재료가 되기도 한다.

이 별 저 별 모아 이름붙인 별자리

별자리는 여러 개의 별을 묶고 신화 속의 인물이나 동물들의 이름을 따서 붙인 것이다.

가능성 ★★★★
기여도 ★★★
난이도 ★★★★
선호도 ★★★★

호기심을 따라가면 개념이 보여요

물병자리, 처녀자리, 황소자리 등을 **별자리**라고 해. 별자리는 누가 처음 만들었을까?

아주 옛날 메소포타미아의 들판에서 양떼를 몰던 한 양치기가 만들었대!

양치기는 밤하늘에 반짝 빛나는 별들을 묶어 별자리를 만들었어. 그리고 신화 속의 이름이나 동물의 이름을 붙였지.

봄에는 밤하늘에서 가장 빛나는 세 개의 별, 아르크투루스와 스피카, 데네볼라가 이루는 '봄의 대삼각형'을 볼 수 있단다. 이 별들은 모두 북두칠성의 손잡이를 이루는 별의 남동쪽에 있어. 아르크투루스는 목동자리의 별이고, 스피카는 처녀자리, 데네볼라는 사자자리의 별이지.

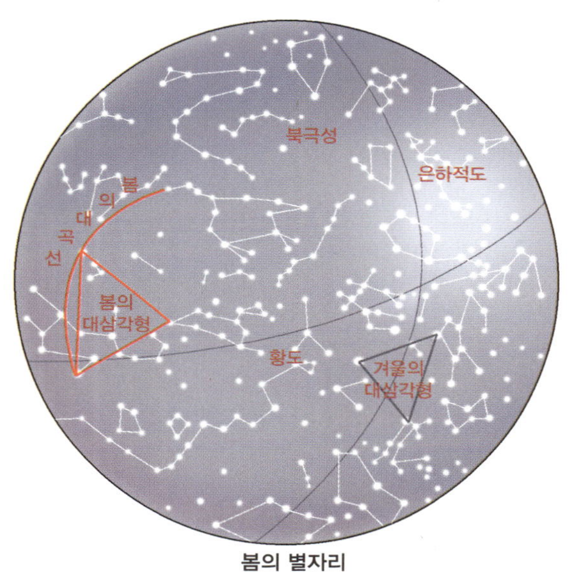

봄의 별자리

여름의 별자리에는 어떤 것이 있나요?

여름 밤 열시가 지날 무렵이면 남동쪽 하늘에 아주 밝은 세 개의 별을 볼 수 있는데 베가, 알타이르, 데네브야. 이 별들은 '여름의 대삼각형'으로 여름의 길잡이별이란다. 베가는 우리나라에서 직녀별로 불리는데 거문고자리의 별이고, 알타이르는 우리나라에서 견우별로 불리며 독수리자리의 별이야. 데네브는 백조자리에 있는 별이지.

가을의 별자리에는 어떤 것이 있나요?

가을 밤하늘을 살펴보면 한가운데에 네 개의 별이 이루는 거대한 사각형을 볼 수 있어. 이것은 페가수스자리의 몸통으로 '가을의 대사각형'이라고 불리는 가을의 길잡이별이란다. 가을은 페가수스자리 외에도 안드로메다자리, 페르세우스자리 등이 유명하지.

겨울 별자리에는 어떤 것이 있나요?

겨울 밤하늘은 다른 계절보다도 유난히 별이 많이 보이는 계절이야. 또한 대기의 공기도 다른 계절보다 안정되어 있는데다 날씨도 맑은 날이 많아 별 관측에는 최고의 계절이지. 겨울의 길잡이별은 베텔게우스, 시리우스, 프로키온이 이루는 '겨울의 대삼각형'으로 불리는 별들이야. 베텔게우스는 오리온자리, 시리우스는 큰개자리, 프로키온은 작은개자리의 별이야.

교과서 속의 별자리

먼 옛날 평원에 살던 양치기들은 밤하늘을 보며 밝게 빛나는 별들을 묶어 양, 황소, 전갈 등의 이름을 붙였다. 그 후 그리스 인들은 신화 속의 인물이나 동물들의 이름을 붙여 별자리를 만들었다. 현재는 전 하늘을 88개의 구역으로 나누고, 각 구역마다 별자리 이름을 붙여 사용한다.

계절의 별자리는 그 계절에만 볼 수 있나요?

아니란다. 계절의 별자리는 각 계절마다 밤 9시 무렵, 남동쪽 하늘에서 가장 잘 보이는 별자리를 이른단다. 즉 봄철의 별자리란 봄에만 보이는 별자리라는 뜻이 아니야. 여름에도 볼 수 있고 가을에도 볼 수 있지. 다만 봄철에 가장 오랜 시간 잘 볼 수 있을 뿐이야. 사실 사계절의 별자리는 하룻밤을 꼬박 새우면 대충 다 볼 수 있어.

사실 그동안 나라마다 별자리와 그 이름이 달라서 과학자들은 불편함을 느꼈어. 그래서 1922년, 국제천문연맹은 하늘 전체를 88개의 별자리로 나누고, 황도를 따라서 12개, 북반구 하늘에 28개, 남반구 하늘에 48개의 별자리를 각각 확정했단다. 이것이 지금 우리가 사용하는 별자리야.

별자리를 둘러싼 신화도 아주 다양한데, 신화를 통해 별에 대한 흥미를 높일 수 있어.

정리해 볼까요?

1. **별자리**는 여러 개의 별을 묶고 신화 속의 인물이나 동물들의 이름을 따서 붙인 것이다.
2. 봄에는 처녀자리와 사자자리 등이, 여름에는 거문고자리와 독수리자리 등이, 가을에는 페가수스자리와 안드로메다자리 등이, 겨울에는 오리온자리와 큰개자리 등이 유명하다.

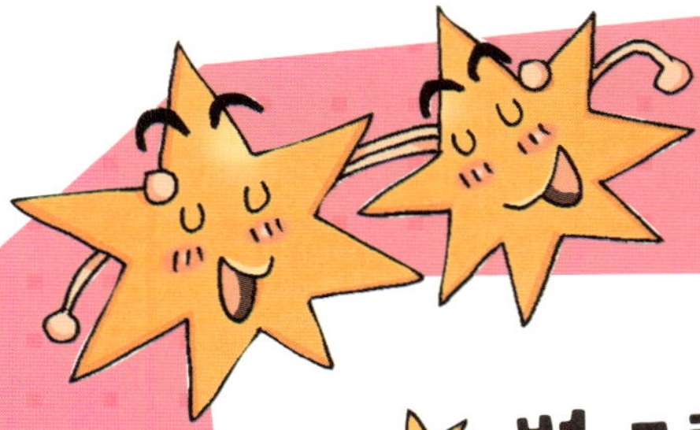

별 구름 성운, 별 무리 성단

성운은 우주에서 성간 물질이 모여 구름처럼 보이는 천체이고, **성단**은 많은 별이 모여 무리를 이루고 있는 것이다.

호기심을 따라가면 개념이 보여요

별에도 구름이 있다는데, 진짜야?

→ 별과 별 사이에 모여 있는 물질들을 성간 물질이라고 해. 이것들은 구름처럼 보여.

→ 그래서 이를 '별 성(星)'과 '구름 운(雲)'을 합쳐 **성운**이라고 불러.

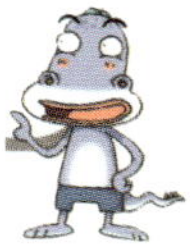

성단이 뭐예요?

'성단'은 '별 성(星)'과 '둥글 단(團)'이 합쳐진 말이야. 그 뜻을 풀이하면 '별의 모임'이라는 의미를 가지고 있지. 즉 많은 별들이 한곳에 모여 있는 것을 성단이라고 해. 하지만 실제로 별과 별 사이의 거리는 매우 멀단다. 각각 멀리 있는 별들이 서로 가까이 모여 있는 것처럼 보일 뿐이야.

성단의 종류에는 어떤 것이 있나요?

성단에는 '구상 성단'과 '산개 성단'이 있어. 구상 성단은 수십만 개의 별들이 공 모양처럼 빽빽하게 모여 있는 것이고, 산개 성단은 수십 개 혹은 수백 개의 별들이 듬성듬성 모여 있는 거란다.

구상 성단은 대부분 낮은 온도의 오래된 별들로 이루어져 붉은빛을 내며, 켄타우루스자리의 오메가 성단이

별들이 빽빽이 모여 있는 구상 성단

별들이 흩어져 있는 산개 성단

대표적이란다. 산개 성단은 높은 온도를 가진 젊은 별들로 이루어져
푸른빛을 내며, 황소자리의 플레아데스 성단이 대표적이지.

성운이 뭐예요?

'성운'은 별이나 성단들 사이의 공간에 가스나 먼지들이 모여 구름
처럼 보이는 것을 말해. 밝은 빛을 내는 성운에는 '발광 성운'과 '반사
성운'이 있고, 빛을 내지 않아 어둡게 보이는 성운에는 '암흑 성운'이
있어. 발광 성운에는 오리온 성운과 장미 성운이, 반사 성운에는 오리
온자리의 마귀할멈 성운이, 암흑 성운에는 말머리 성운이 있단다.

우리 은하의 별들은 대부분 뿔뿔이 흩어져 있지만 많은 수의 별들이 모여 집단을 이루기도 한다. 이것을 성단이라고 한다. 우리 은하에는 별들 외에도 별과 별 사이에 가스나 작은 물질들이 분포하는데 이것을 성간 물질이라고 한다. 이러한 성간 물질이 한곳에 모여 있어 구름처럼 보이는 것을 성운이라고 한다.

성단과 성운이 포함되어 있는 우주는 얼마나 큰가요?

우주는 '집 우(宇)'와 '집 주(宙)'를 합친 단어야. 그러니까 우주는 이 세상에서 가장 큰 집인 셈이지.

그러면 우주는 얼마나 클까? 대체로 우주의 반지름은 학자들마다 차이가 있지만 대략 150억 광년이나 된다고 해. 얼마나 큰지 실감이 안 나지? 그래서 간단한 방법으로 우주의 크기를 알아보려고 해.

우선 우주의 크기를 나타내는 단위인 광년에 대해서 알아야 해. 1광년은 빛이 1년 동안 가는 거리이니, 150억 광년은 다음과 같아.

빛은 1초에 30만km를 가니까, 1년은 $1 \times 60(초) \times 60(분) \times 24(시간) \times 365$일$=31{,}536{,}000$초가 되지. 그러니 1광년은 $31{,}536{,}000$초$\times 300{,}000$km/

초＝9,460,800,000,000km 이고, 150억 광년은 15,000,000,000×9,460,800,000,000km＝141,912,000,000,000,000,000,000km인 셈이지.

150억 광년을 km 단위로 나타내면, 141912 다음에 붙은 동그라미 개수가 자그마치 18개나 된단다. 이 거리는 지구에서 태양까지 거리의 약 1,000조 배가 넘는 아주 먼 거리라고 해. 그런데 크기는 부피로 따져야 하니까, 실제로 우주의 크기는 이 거리를 3번 곱한 만큼이 되는 거야. 이쯤 되면 계산하기 힘들 거야. 한 마디로 우주라는 집은 무지무지 큰 것이지. 그런데 이렇게 큰 집이 빛의 속도만큼 커지고 있다니 상상이 안 가지 않니?

1. **성운**은 우주에서 성간 물질이 모여 구름처럼 보이는 천체이다.
2. **성단**은 많은 별이 모여 무리를 이루고 있는 것이다.
3. 성단은 구상 성단과 산개 성단으로 나눈다.
4. 밝은 빛을 내는 성운에는 발광 성운과 반사 성운이 있고, 빛을 내지 않아 어둡게 보이는 성운에는 암흑 성운이 있다.

남의 은하가 아닌 우리 은하

우리 은하는 우리 태양계가 포함되어 있는 천체의 집단이다.

가능성 ★★★
기여도 ★★★
난이도 ★★★★
선호도 ★★★★

호기심을 따라가면 개념이 보여요

사람들은 서로 모여 살잖아. 별들도 마을을 이루고 살까?

→

맞아. 망원경이 발달하면서 별들의 집단 즉 은하가 있다는 것을 발견했어. 별들은 그 은하에 모여 살지.

→

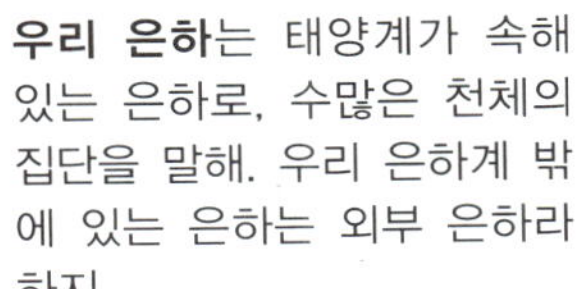

우리 은하는 태양계가 속해 있는 은하로, 수많은 천체의 집단을 말해. 우리 은하계 밖에 있는 은하는 외부 은하라 하지.

은하가 뭐예요?

우리 지구에서 보았을 때 수천억 개의 별이 모여 있는 집단을 '은하'라고 해. 은하는 모양에 따라 타원 은하, 나선 은하, 불규칙 은하 등으로 분류할 수 있는데, 지구가 있는 '우리 은하'는 나선 은하에 속한단다.

우리 은하가 뭐예요?

우주는 수천억 개의 은하로 이루어져 있는데, 우리 은하는 그중의 하나야. 우리 지구 즉 태양계가 속한 은하라고 해서 '우리'라는 단어가

붙었단다. 우리 은하는
수많은 별과 성단 그리
고 성운으로 이루어져
있어. 우리 은하는 옆
에서 보면 계란 프라이
또는 쟁반 접시 같은
모양이고, 위에서 보면
뱅뱅 돌아가는 바람개

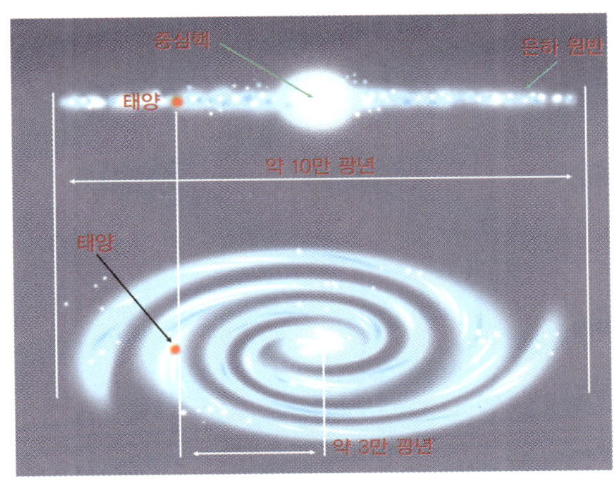

우리 은하의 모습

비와 흡사한 모양이야. 우리 지구가 속해 있는 태양계는 우리 은하의
중심에서 약간 벗어난 지점에 있어.

은하수가 뭐예요?

지구에서 보면 우리 은하의 중심에는 별이 많이 모여 있고, 바깥
쪽에는 별이 조금 모여 있단다.
많은 별이 모여 있는 우리 은하
중심을 보면, 가로로 흐르는 줄
기를 볼 수 있어. 이것이 바로
은하수란다.

우리 은하의 중심 부분인 은하수

정말 은하수에 오작교가 있을까요?

그렇지는 않을 것 같구나. 아주 오랜 옛날, 하늘 나라를 다스리는 옥황상제에게 직녀라는 어여쁜 딸이 하나 있었단다. 어느 봄날, 직녀는 강을 따라 소 떼를 몰고 가는 견우라는 잘생긴 목동을 보고 첫눈에 반하고 말았단다. 견우도 마찬가지였어. 직녀는 옥황상제에게 간청해 견우와 결혼하게 됐단다. 하지만 이 둘은 결혼 후 해야 할 일은 하지 않고 놀기만 했어. 이를 본 옥황상제는 화가 나서 이들을 영원히 떼어 놓기로 결심했지. 그래서 견우를 은하수 건너편으로 쫓아냈단다. 하지만 슬퍼하는 딸을 보고 마음이 약해진 옥황상제는 일 년에 딱 한 번, 칠월 칠석에만 만날 수 있도록 허락했지.

그 뒤로 직녀와 견우는 음력으로 7월 7일이 되면 '칠일월'이라는 배를 타고 하늘의 강 은하수를 건너 만났단다. 그러던 어느 해 비가 많

318

이 내려 은하수 물이 불어나 배가 뜨지 못하게 됐어. 직녀는 어찌할
바를 몰랐어. 이 소식을 들은 까마귀와 까치들이 날아와 자신들의 몸
으로 하늘의 다리 즉 오작교를 만들어 이들의 사랑이 이루어지게 해
주었단다. 이 이야기는 중국에서 우리나라로 들어온 옛날이야기야.
그러니 오작교가 실제로 있다고 생각하지 마렴.

옛날 중국 사람들은 은하수를 천하(天河, 하늘을 흐르는 물) 또는 천강
(天江, 하늘에 있는 강)이라고 부르며, 하늘의 강이라고 생각했어.

이러한 이야기는 우리나라나 가까운 일본에도 전해졌어. 그래서
한, 중, 일 세 나라가 모두 칠월 칠석 풍습을 가지고 있단다.

1. **우리 은하**는 우리 태양계가 포함되어 있는 천체의 집단이다.
2. 은하는 모양에 따라 타원 은하, 나선 은하, 불규칙 은하 등으로 분류할 수 있고,
   지구가 있는 우리 은하는 나선 은하에 속한다.
3. 우리 은하는 옆에서 보면 접시 모양, 위에서 보면 바람개비 모양이다.
4. 우리 은하에는 수많은 별, 성단, 성운, 우리 태양계 등이 포함되어 있다.